极简开发者书库

极简Go

新手编程之道

关东升◎编著

清华大学出版社
北京

内 容 简 介

本书是一部系统论述Go编程语言和实际应用技术的图书，全书共分为15章：第1章～第9章讲解Go语言的基本语法；第10章～第15章讲解Go语言的进阶知识。主要内容包括：编写第一个Go语言程序、Go语言的语法基础、Go语言的数据类型、运算符、复合数据类型、条件语句、循环语句及跳转语句、函数、自定义数据类型、错误处理、并发编程、正则表达式、访问目录和文件、网络编程和数据库编程。另外，每章后面都安排了“动手练一练”实践环节，旨在帮助读者消化吸收本章知识点，并在附录A中提供参考答案。

为便于读者高效学习，快速掌握Go语言的编程方法，本书作者精心制作了完整的教学课件、源代码与微课视频，并提供在线答疑服务。本书适合零基础入门的读者，可作为高等院校和培训机构的教材。

图书在版编目(CIP)数据

极简Go：新手编程之道/关东升编著. —北京：清华大学出版社，2023.6（2024.6重印）
（极简开发者书库）
ISBN 978-7-302-63780-6

Ⅰ. ①极…　Ⅱ. ①关…　Ⅲ. ①程序语言－程序设计　Ⅳ. ①TP312

中国国家版本馆CIP数据核字(2023)第101399号

策划编辑：盛东亮
责任编辑：钟志芳
封面设计：赵大羽
责任校对：申晓焕
责任印制：杨　艳

出版发行：清华大学出版社
网　　址：https://www.tup.com.cn，https://www.wqxuetang.com
地　　址：北京清华大学学研大厦A座　　**邮　　编**：100084
社 总 机：010-83470000　　**邮　　购**：010-62786544
投稿与读者服务：010-62776969，c-service@tup.tsinghua.edu.cn
质量反馈：010-62772015，zhiliang@tup.tsinghua.edu.cn
课件下载：https://www.tup.com.cn，010-83470236
印 装 者：三河市铭诚印务有限公司
经　　销：全国新华书店
开　　本：186mm×240mm　　**印　张**：14.5　　**字　　数**：329千字
版　　次：2023年8月第1版　　**印　　次**：2024年6月第2次印刷
印　　数：1501～2300
定　　价：59.00元

产品编号：100994-01

前言
PREFACE

为什么写作本书

2007年，谷歌的三位著名软件工程专家罗勃·派克、肯·汤普逊和罗伯特·格瑞史莫认为，现有的编程语言编程困难，编译速度慢，运行效率低，而计算机硬件却已飞速发展，计算机编程语言迫切需要改变，以适应计算机硬件的发展。他们以C语言为基础，参照其他编程语言，如C++、Java等，吸收这些编程语言的优点，摒弃其缺点，设计了一套全新的静态编译型语言——Go语言。

Go语言被称为更好的C语言、互联网的C语言、云计算的C语言，代表高性能、易用性和高并发处理能力。

许多读者和学员亟待有一本能够帮助他们快速入门Go语言编程的图书。作者与清华大学出版社再次合作出版了这本《极简Go：新手编程之道》，本书是“极简开发者书库”中的一本。“极简开发者书库”秉承讲解简单、快速入门和易于掌握的原则，是为新手入门而设计的系列图书。

读者对象

本书是一本讲解Go语言的基础图书，适合零基础入门的读者，可作为高校和培训机构的Go语言教材。

相关资源

为了更好地为广大读者服务，本书提供配套**源代码**、**教学课件**、**微课视频**和**在线答疑服务**。

如何使用书中配套源代码

本书配套源代码可以在清华大学出版社网站本书页面下载。

下载本书源代码并解压，会看到如图1所示的目录结构，其中chapter2～chapter15是本书第2～15章的示例代码。

打开其中一章代码文件夹，可见本章中所有的示例代码，其中第2章示例代码如图2所示。

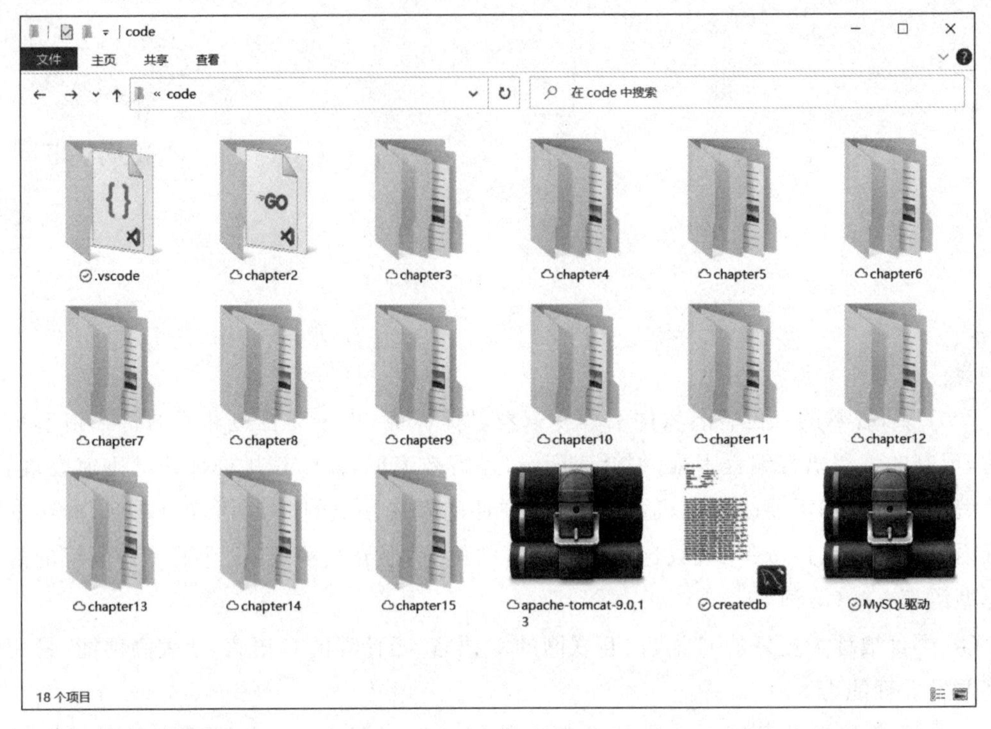

图 1　目录结构

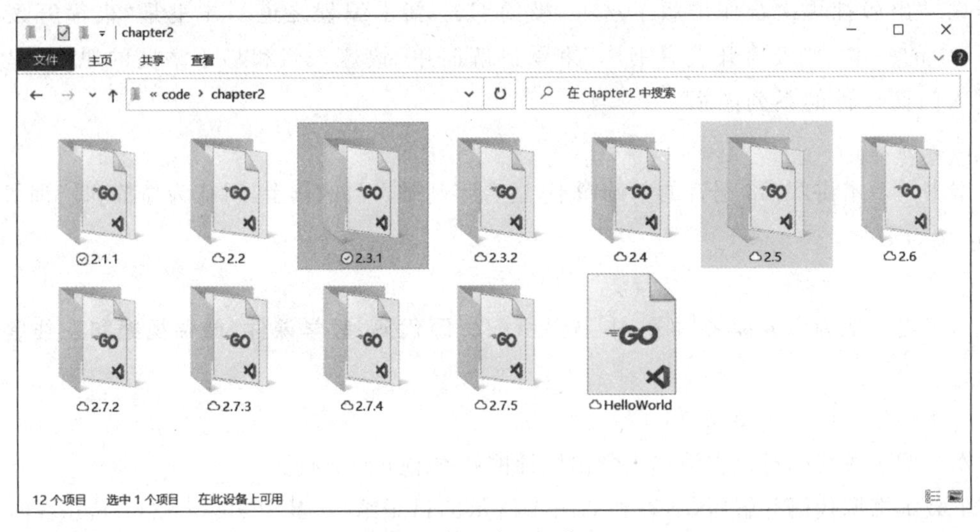

图 2　第 2 章示例代码

致谢

感谢清华大学出版社盛东亮编辑提出的宝贵意见。感谢智捷课堂团队的赵志荣、赵大羽、关锦华、闫婷娇、王馨然、关秀华和赵浩丞参与本书部分内容的编写。感谢赵浩丞手绘了书中全部插图，并从专业的角度修改书中图片，力求将本书内容更加真实完美地奉献给广大读者。感谢我的家人容忍我的忙碌，正是他们对我的关心和照顾，使我能抽出时间，投入精力专心编写此书。

由于Go语言编程应用不断更新迭代，而作者水平有限，书中难免存在不妥之处，恳请读者提出宝贵修改意见，以便再版时改进。

编 者

2023年7月

知识结构
CONTENT STRUCTURE

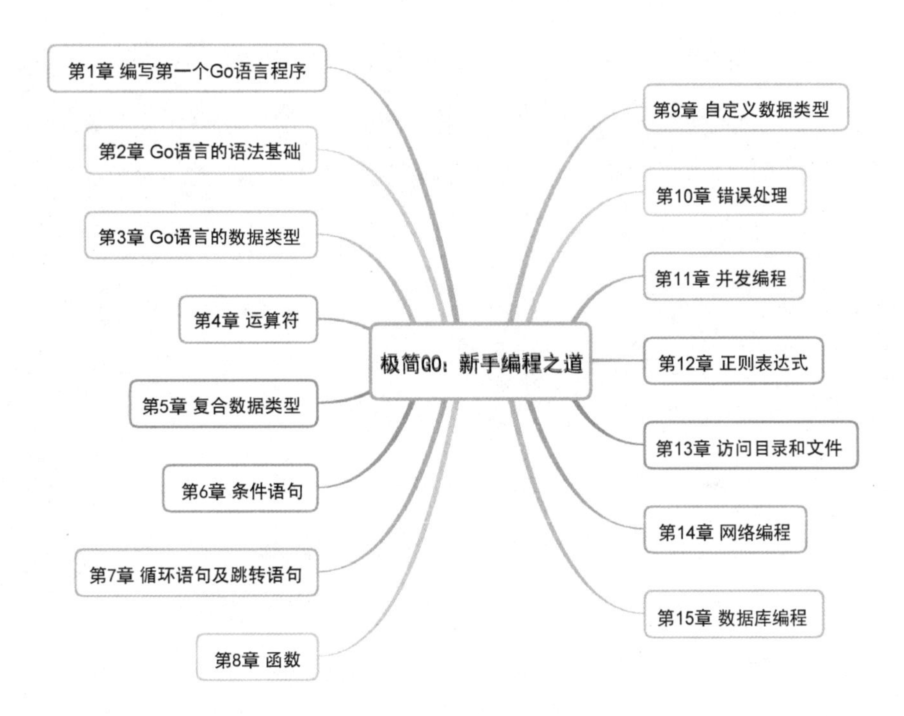

目录

CONTENTS

第1章

编写第一个 Go 语言程序

Go(全称 Golang)语言是 Google 开发的一种静态强类型编程语言。2007 年,谷歌的著名软件工程专家罗勃·派克、肯·汤普逊和罗伯特·格瑞史莫认为,现有的编程语言编程困难,编译速度慢,运行效率低,他们以 C 语言为基础,参照其他编程语言,如 C++、Java 等,设计了一套全新的静态编译型语言——Go 语言。

2009 年 11 月 10 日,谷歌公布了 Go 语言项目源代码,使得 Go 语言成为一个完全开源的项目。2011 年 3 月 16 日,Go 语言发行第一个稳定版本。

输出字符串"Hello,World"一般是初学者学习编程的第一个程序,本章通过编写 Hello World 程序介绍 Go 语言的程序结构及运行过程。

1.1 使用 Go Playground 编写程序 Go 语言代码

微课视频

如果不想配置复杂的开发环境,那么可以使用 Go Playground 工具。Playground 工具是 Go 官网提供的在线工具,只要安装了浏览器并能够上网,就可以使用该工具。通过浏览器登录网址 https://go.dev/play，如图 1-1 所示。

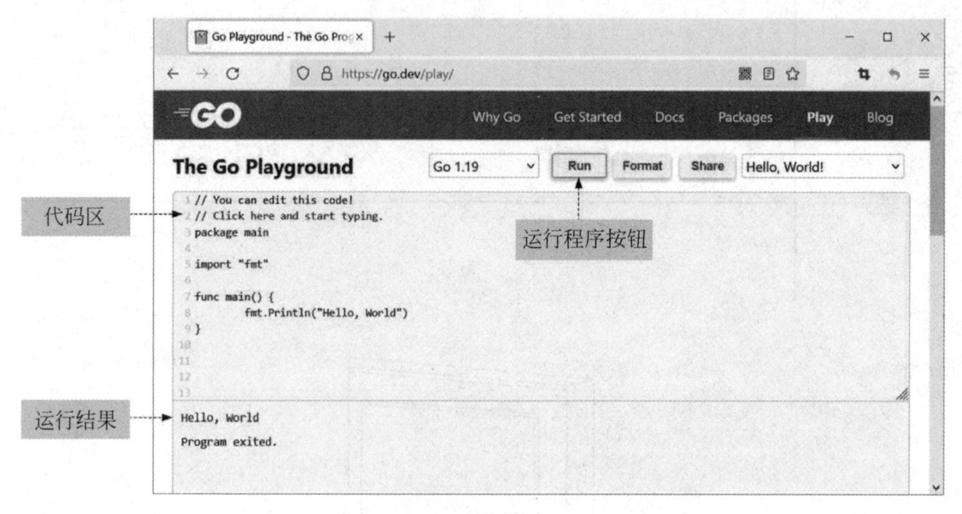

图 1-1 Go Playground 工具

在代码区输入代码后，单击 Run 按钮就可以运行了，运行结果会输出到代码区的下方，本例输出结果是"Hello，World"。上述代码暂不解释，读者可以先尝试实现一个自定义输出字符串的示例。

1.2 搭建开发环境

事实上，使用 Go Playground 工具只是为了学习和测试 Go 语言编程的程序，要真正开发 Go 语言程序代码，则需要使用 Go 语言开发环境。本节介绍在 Windows、Linux 和 macOS 系统中如何安装 Go 语言开发环境。

首先需要到 Go 官网(网址为 https://go.dev/)下载 Go 语言环境，如图 1-2 所示。单击 Download 按钮进入如图 1-3 所示的下载页面，此处可以选择适合自己的安装包文件。

1.2.1 Windows 系统中搭建 Go 语言开发环境

Windows 安装包下载完成后，双击即可安装，安装过程这里不再赘述。安装完成后打开命令提示符，输入 go version 命令，如图 1-4 所示，显示 Go 语言的版本信息即说明安装成功。

安装成功后，还要设置环境变量。环境变量有很多，不同 Go 语言版本在不同的操作系统中有所不同，但是大同小异，现以 Windows 10 和 Go 1.9 版本为例介绍。

(1) 设置 GO111MODULE 变量。该变量用于设置是否开启模块支持，由于本书没有使用模块管理程序代码，因此设置为 off，表示关闭模块支持。在命令提示符中运行命令，如图 1-5 所示。

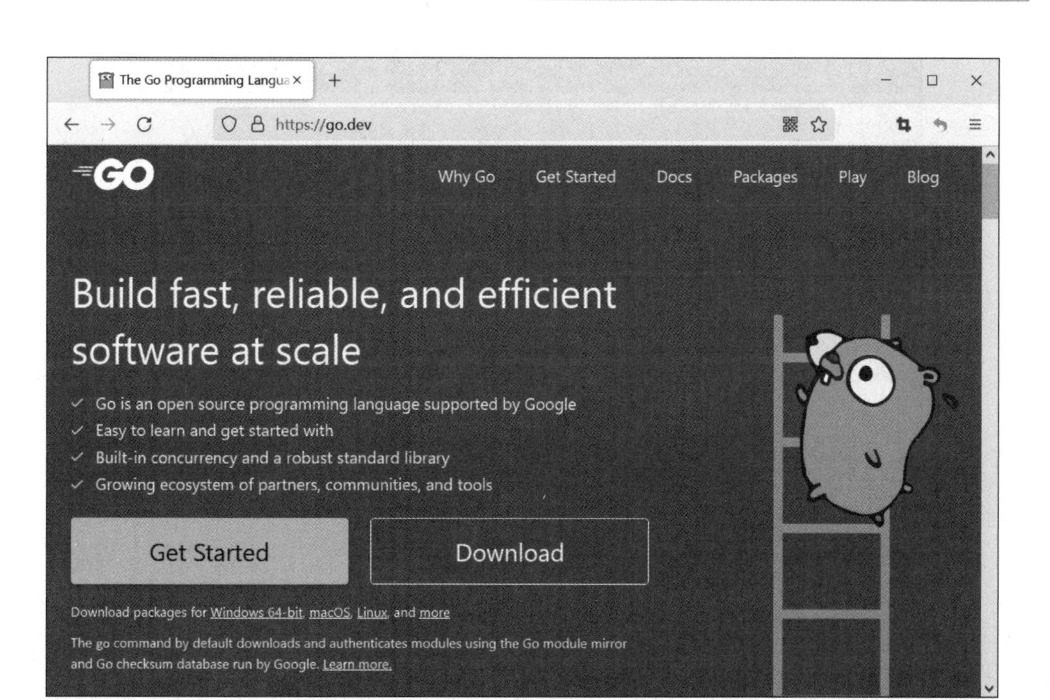

图 1-2　Go 官网

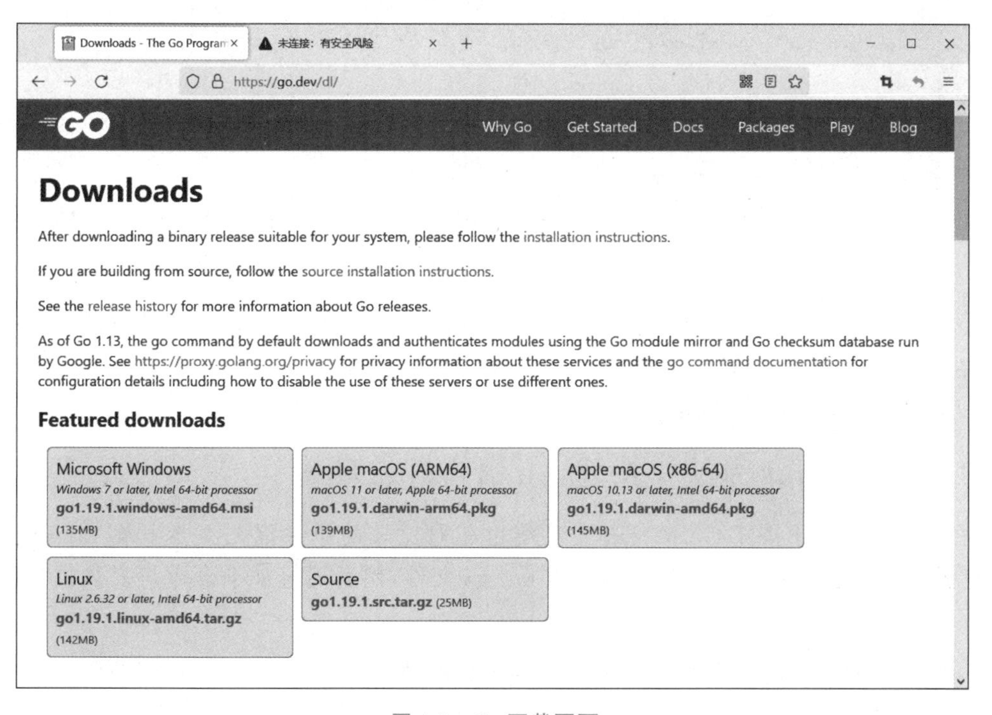

图 1-3　Go 下载页面

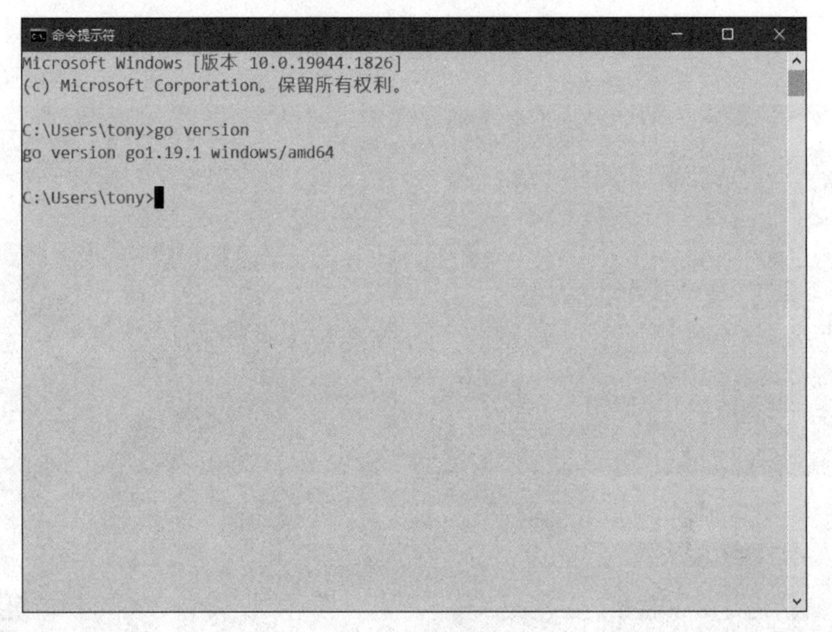

图 1-4 测试安装

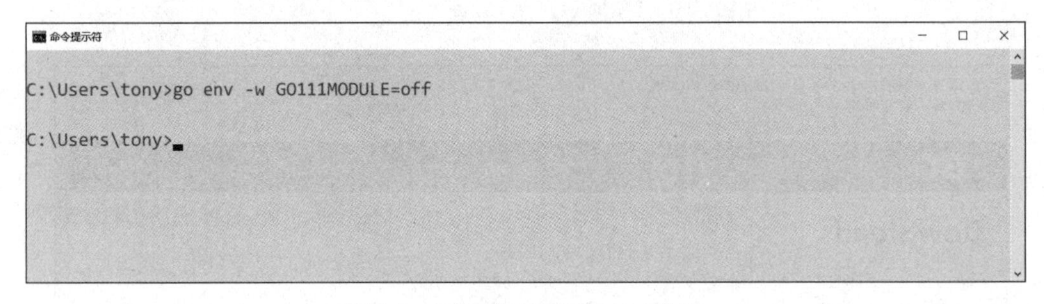

图 1-5 设置 GO111MODULE 变量

(2) 设置 GOPROXY 变量。该变量设置 Go 语言的网络代理服务器。默认情况下，服务器在国外，因此一些资源的下载速度较慢，或根本无法下载，为此可以将 GOPROXY 变量设置为国内代理，如图 1-6 所示。

1.2.2 Linux 系统中搭建 Go 语言开发环境

在 Linux 系统中搭建 Go 语言开发环境也相对比较简单。首先需要下载 Linux 安装包，笔者下载的是 go1.19.1.linux-amd64.tar.gz 文件，然后通过如下命令将安装包文件解压到/usr/local。

```
tar -C /usr/local -xzf go1.19.1.linux-amd64.tar.gz
```

解压完成后，需要将/usr/local/go/bin 目录添加至 PATH 环境变量，命令如下：

```
export PATH=$PATH:/usr/local/go/bin
```

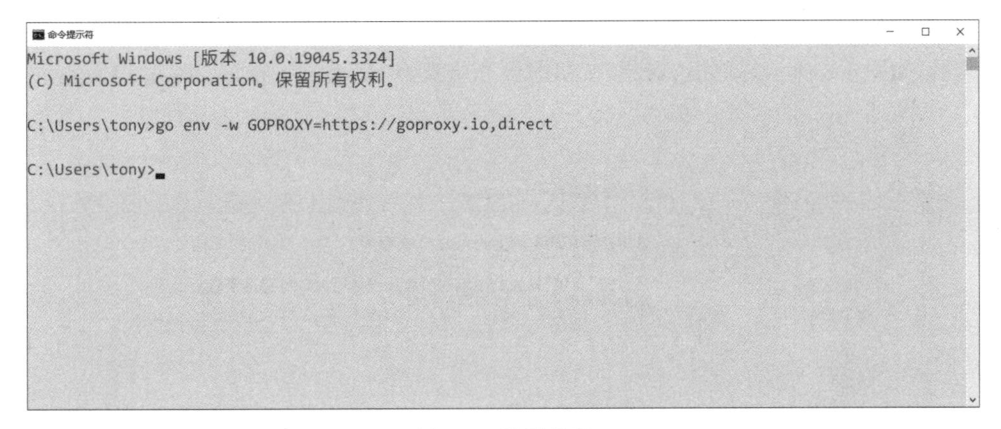

图 1-6　设置代理

为了让 PATH 环境变量在每次启动计算机时都生效，可以将这个配置添加到 profile 文件中。通过如下命令编辑 profile 文件，并将 export PATH=$PATH:/usr/local/go/bin 添加到文件尾部，然后保存，退出，并重新启动计算机。

```
sudo vim /etc/profile
```

计算机重启后，通过 go version 命令测试一下，显示如图 1-7 所示的结果即说明安装成功。

图 1-7　测试安装

1.2.3　macOS 系统中搭建 Go 语言开发环境

在 macOS 系统中搭建 Go 语言开发环境与在 Linux 系统中搭建 Go 语言开发环境比较类

似，笔者下载的是 go1.19.1.darwin-arm64.pkg 文件，在 macOS 系统中直接双击该文件即可启动安装器，如图 1-8 所示。单击“安装”按钮即可开始安装，安装成功界面如图 1-9 所示。

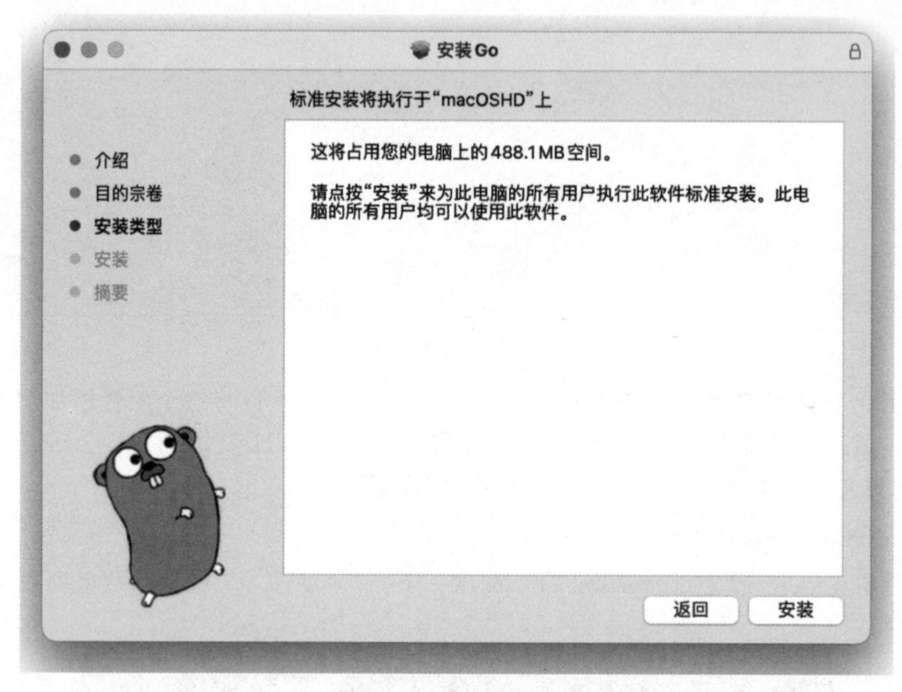

图 1-8 启动安装器

图 1-9 安装成功界面

安装成功后，打开命令提示符输入 go version 命令，如图 1-10 所示，获得 Go 语言的版本信息即说明安装成功。

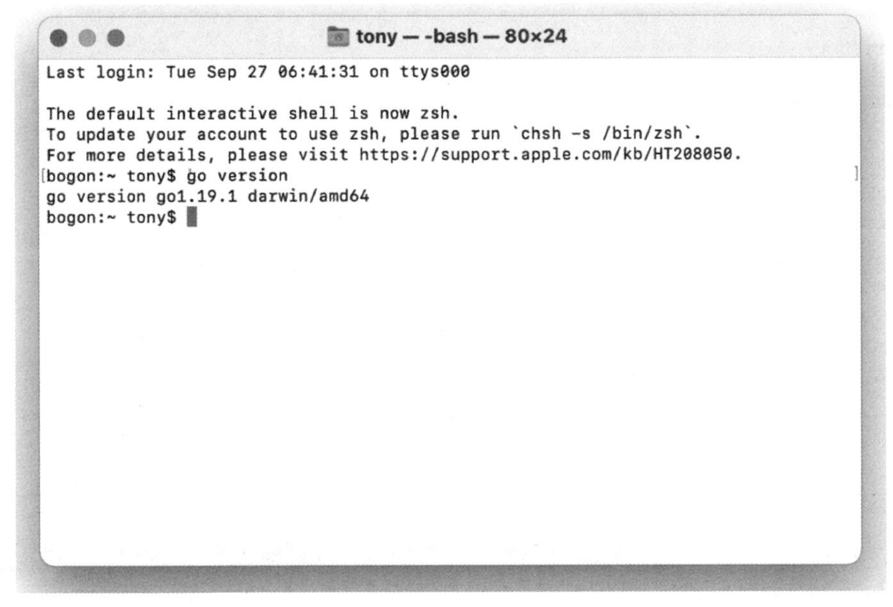

图 1-10 测试安装

1.3 使用"石器时代"工具编写 Go 语言代码

开发 Go 语言应用程序，除了搭建 Go 语言开发环境，还需要有一个编写程序代码的工具。一般做企业级开发会使用 IDE（Integrated Development Environment，集成开发环境）工具，但对于初学者，笔者推荐使用记事本或文本编辑工具编写第一个 Go 语言程序代码，然后再使用 Go 语言的编译工具编程和运行，这样有助于熟悉 Go 语言程序的编写、编译和执行过程。笔者将"记事本＋Go 语言编译工具"称为"石器时代"工具。

1.3.1 编写程序

可以使用任意文本编辑工具编写程序。Windows 平台下的文本编辑工具有很多，常用的如下。

（1）记事本：Windows 平台自带的文本编辑工具，关键字不能高亮显示，如图 1-11 所示。

（2）EditPlus：历史悠久、强大的文本编辑工具，小巧，轻便，灵活，官网地址为 www.editplus.com。

（3）Sublime Text：如图 1-12 所示，Sublime Text 是功能强大的文本编辑工具，但所有设置均没有图形界面，需在 JSON 格式文件中进行，初学者入门比较难，官网地址为 www.sublimetext.com。

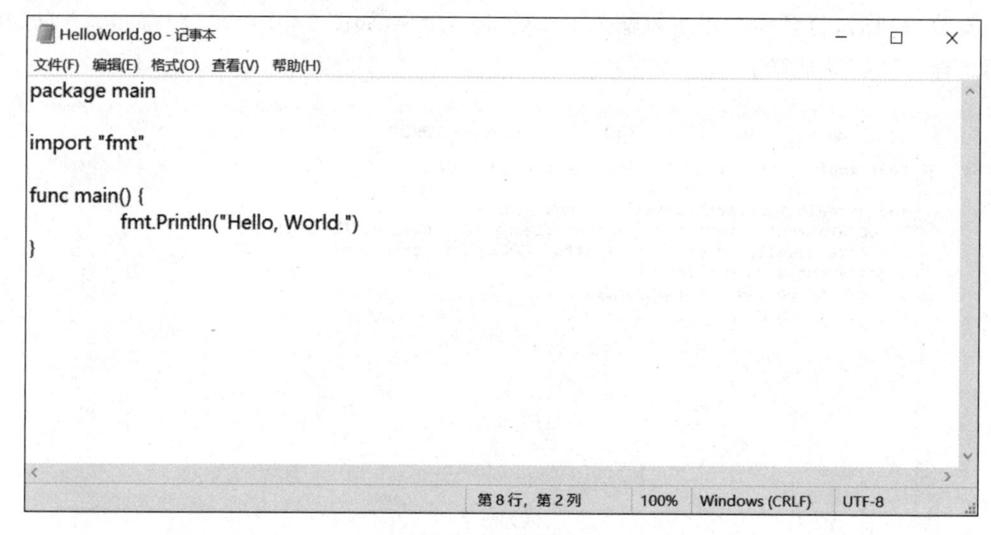

图 1-11 记事本

图 1-12 Sublime Text

考虑到易用性和版权问题，笔者推荐使用 Sublime Text 工具，读者可以根据自己的喜好选择文本编辑工具。

使用自己喜欢的文本编辑工具，新建文件并保存为 HelloWorld.go，接着在 HelloWorld.go 文件中编写如下代码。

```
package main

import "fmt"

func main() {
```

```
    fmt.Println("Hello, World.")
}
```

1.3.2 编译程序

Go语言开发工具包中提供了编译工具，可以将.go文件编译为可执行文件，在Windows系统中就是编译为.exe文件。编译时首先需要打开命令提示符(Linux和macOS系统的终端)，输入如下go build命令，如图1-13所示。编译成功后在当前目录下生成一个HelloWorld.exe文件，这个文件可以直接执行。

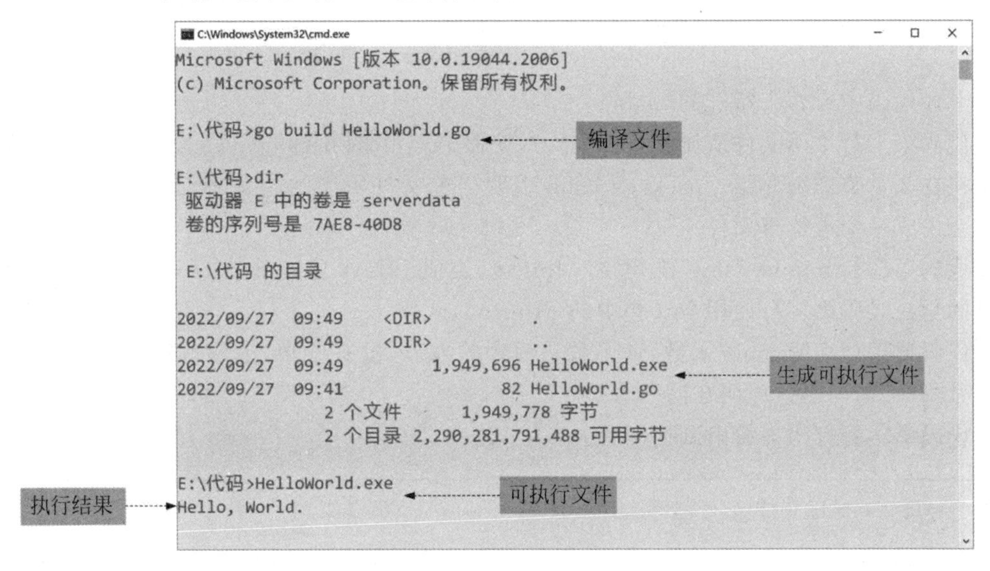

图1-13 编译Go语言程序

1.3.3 运行程序

程序编译成功之后就可以运行了。也可以使用Go语言工具中的run命令直接运行.go源代码文件，如图1-14所示。

图1-14 运行.go源代码文件

1.3.4 代码解释

经过前面的介绍，读者应该能够照猫画虎地自己动手做一个 Go 语言应用程序了，但可能还是对其中的一些代码不甚了解，下面详细解释 HelloWorld 示例中的代码。

```
package main                                ①

import "fmt"                                ②

func main() {                               ③
        fmt.Println("Hello, World.")        ④
}
```

上述代码中有两个特殊的 main。

代码第①行声明文件所属包(package)，类似 Java 中的 package 语句。有关包的声明和介绍将在 2.7 节详细介绍。package main 声明当前文件所属的包是 main 包，main 包在编译时会生成一个可执行文件。

代码第②行 import "fmt"语句导入 fmt 包，类似于 Java 中的 import 语句。导入 fmt 包的目的是在代码第④行使用 fmt 包中的 Println()函数。

代码第③行声明 main 函数，该函数是程序的入口，没有参数，也没有返回值。注意，左大括号"{"必须与函数声明在同一行。

代码第④行打印字符串到控制台。

注意 Go 语言中左大括号"{"必须与声明函数语句在同一行，类似的还有 if、for 和 switch 等语句。

微课视频

1.4 使用"铁器时代"工具编写 Go 语言代码

"石器时代"工具(记事本＋Go 语言编译工具)虽然便于学习，但是开发效率很低，也不能调试程序代码，真正的企业开发需要使用 IDE(Integrated Development Environment，集成开发环境)工具。笔者将 IDE 工具称为"铁器时代"工具。Go 语言中的 IDE 工具有很多，主要有：

(1) GoLand：由 JetBrains 公司开发。JetBrains 是一家捷克公司，其开发的很多工具都好评如潮。GoLand 是非常不错的选择，但没有免费版，试用版可以免费使用 30 天，考虑到版权问题，本书不能详细介绍 GoLand。

(2) Visual Studio Code：由微软公司开发，是免费的，是能够开发多种语言的跨平台(Windows、Linux 和 macOS)IDE 工具。Visual Studio Code 的风格类似于 Sublime Text 文本的 IDE 工具，同时又兼具微软的 IDE 易用性，只要安装了相应的扩展插件，它几乎可用于所有语言的程序开发。与 GoLand 相比，Visual Studio Code 内核小，占用内存少。

(3) LiteIDE：开源、跨平台、轻量级 IDE 工具，但是调试功能支持不佳。

综合考虑，本章分别介绍 Visual Studio Code 和 LiteIDE 工具的使用。由于 Visual Studio Code 配置比较麻烦，而 LiteIDE 相对比较简单，本着先易后难的原则，本章先介绍 LiteIDE，再介绍 Visual Studio Code。

1.4.1 LiteIDE

1. 获取 LiteIDE

获取 LiteIDE 渠道有很多，读者可以在网上自己搜索，也可以从本书赠送的配套工具中获取，本书提供了 liteidex38.0.win32-qt4.8.5.zip 压缩包，解压后找到解压目录下的 bin 文件夹中的 liteide.exe 文件，如图 1-15 所示。

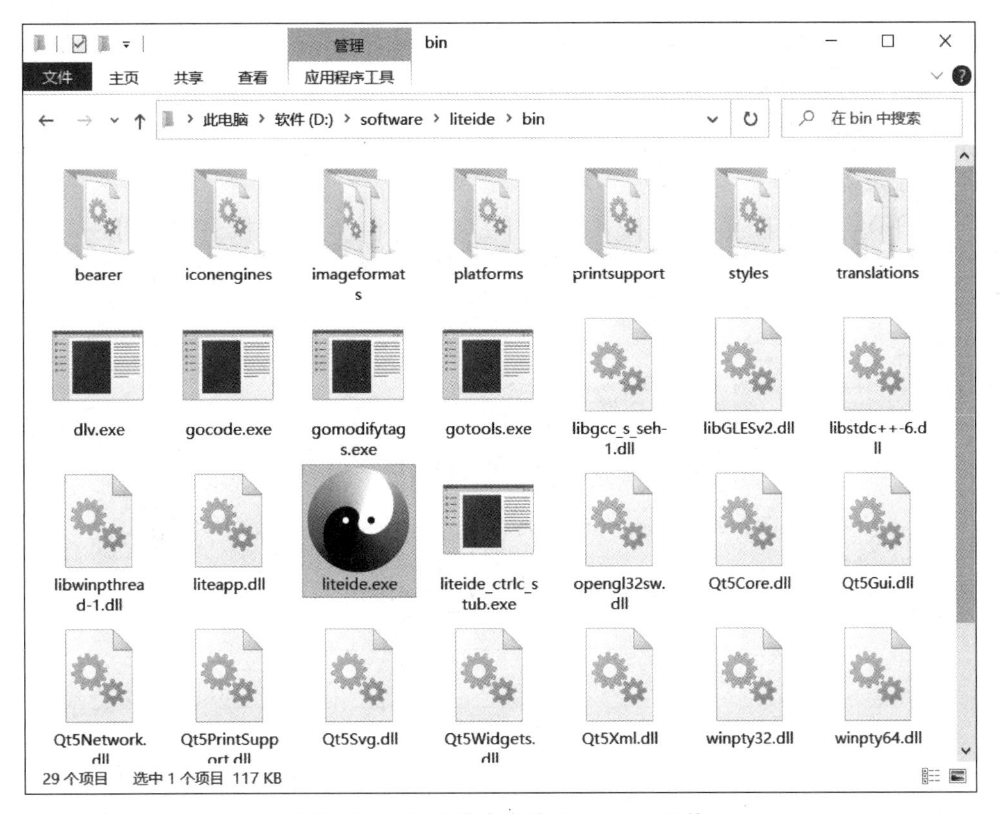

图 1-15　bin 文件夹中的 liteide.exe 文件

双击 liteide.exe 文件就可以启动了，启动界面如图 1-16 所示。

2. 配置 LiteIDE

启动后还需要进行设置。如图 1-17 所示，根据自己的情况选择环境，这个选择会读取系统环境变量。

3. 创建和运行项目

使用 LiteIDE 编写程序首先要创建项目，可以通过选择“文件”→“新建”命令或单击“新

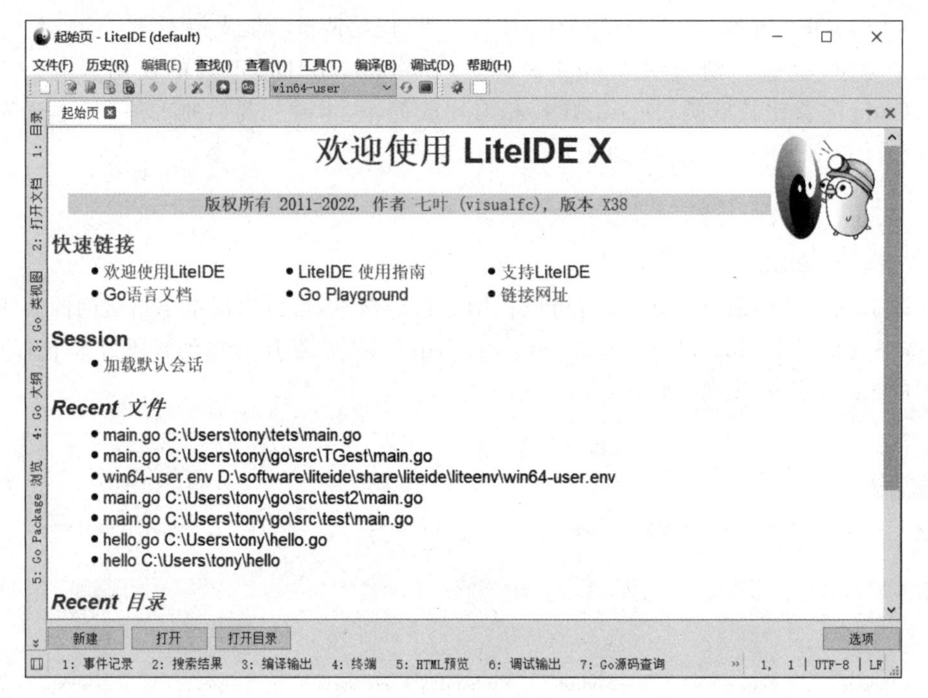

图 1-16 启动界面

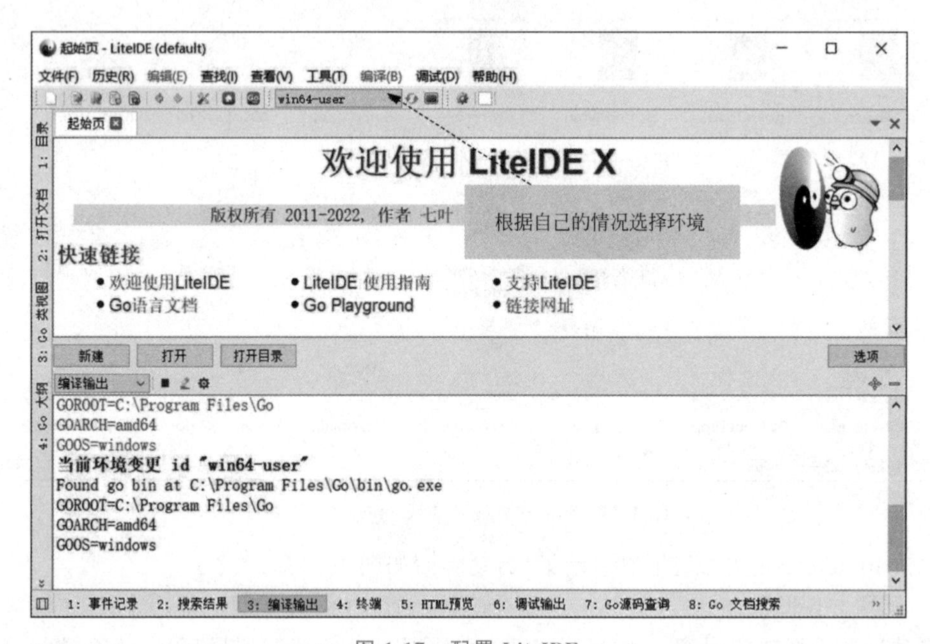

图 1-17 配置 LiteIDE

建”按钮打开“新项目或文件”对话框，如图 1-18 所示。选择模板，输入项目名称并选择文件保存位置后，单击 OK 按钮就可以创建项目了。

创建完成后就可以编写代码了，编写完成后，单击 ER（编译并运行）按钮，就可以运行了，如图1-19所示，运行结果将输出到输出窗口。

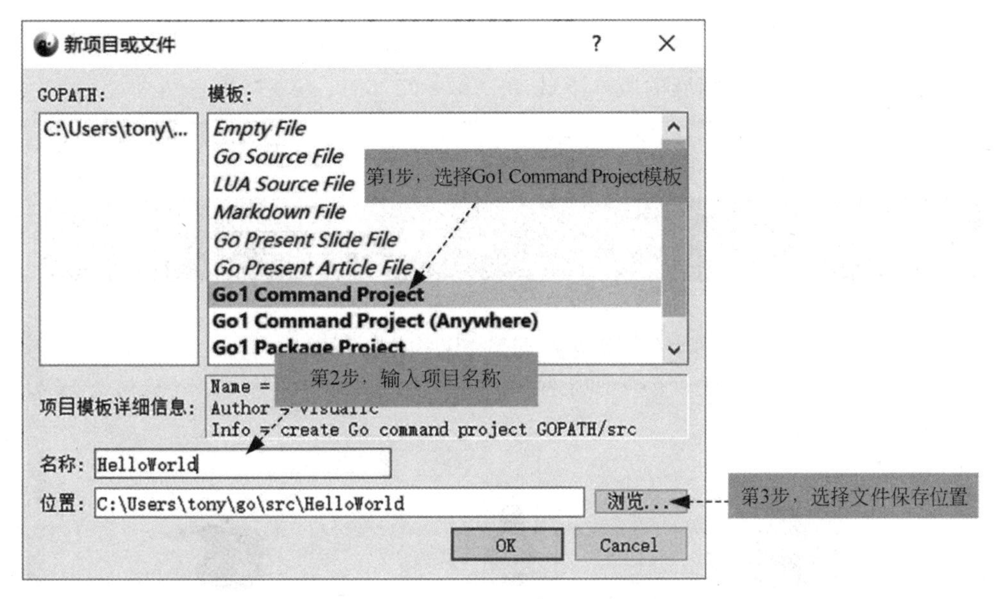

图 1-18 创建项目

图 1-19 运行项目

1.4.2 Visual Studio Code

1. 下载 Visual Studio Code

Visual Studio Code 的官网地址是 https://code.visualstudio.com/download，如图 1-20 所示，读者可以根据情况选择相应的版本下载。

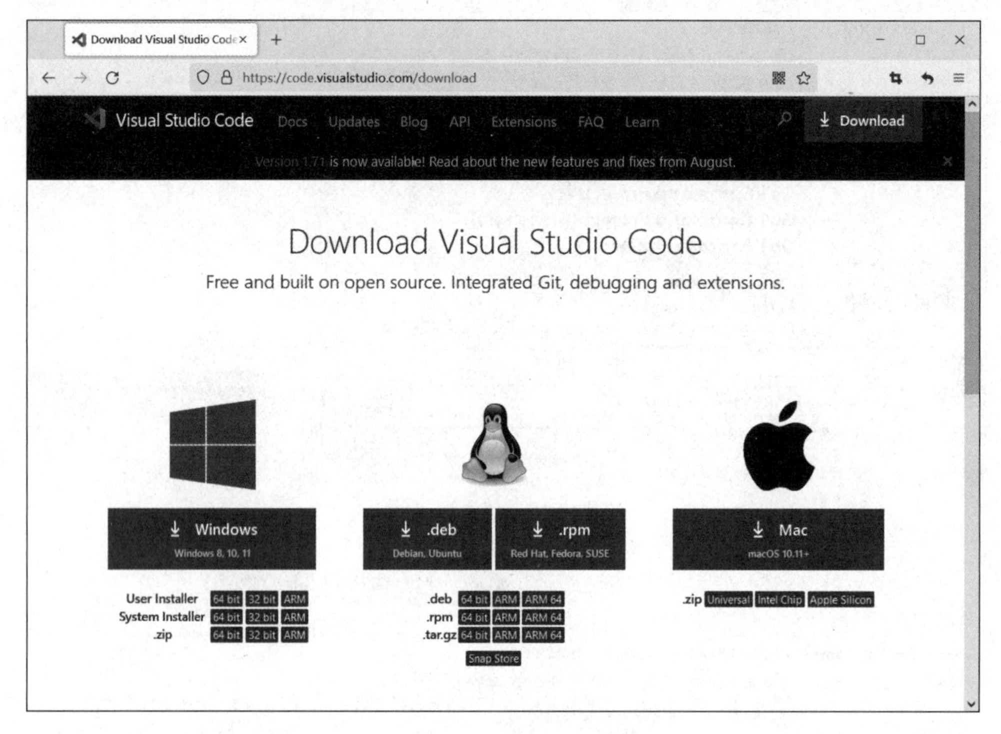

图 1-20 Visual Studio Code 官网

下载完成后双击该文件就可安装了，安装过程这里不再赘述。安装成功后即可启动 Visual Studio Code，如图 1-21 所示。

2. 配置中文界面

如果不习惯英文界面，可以安装中文扩展插件，配置中文界面，如图 1-22 所示。安装完成后需要重启 Visual Studio Code，然后就可以使用中文界面了，如图 1-23 所示。

3. 安装 Go 语言开发扩展插件

安装 Go 语言开发扩展插件的过程类似于安装 Go 语言中文扩展插件，这里以安装 Go for Visual Studio Code 扩展插件为例介绍安装方法。按照 Go 关键字搜索，然后选择 Go for Visual Studio Code 扩展插件进行安装，如图 1-24 所示。

4. 更新 Go 语言开发扩展插件

安装完成 Go 语言开发扩展插件后，还需要更新这些插件。可以按快捷键 Ctrl+Shift+P 打开命令面板，如图 1-25 所示，然后在输入框中输入 Go: Install/Update tools，选中所有搜索出来的选项，单击“确定”按钮就可以更新了，更新过程如图 1-26 所示。

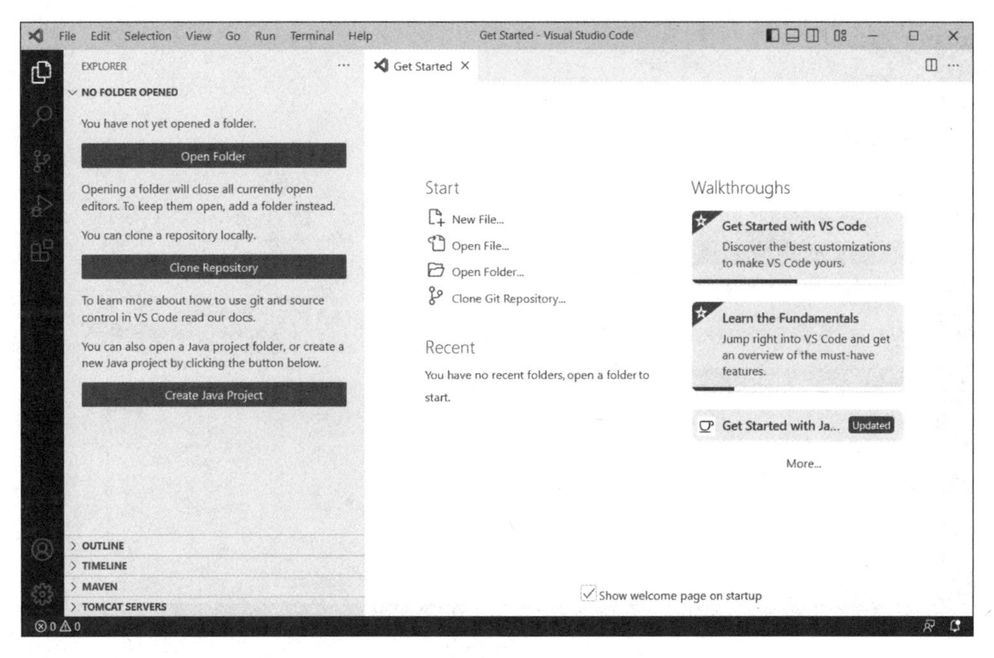

图 1-21　启动 Visual Studio Code

图 1-22　配置中文界面

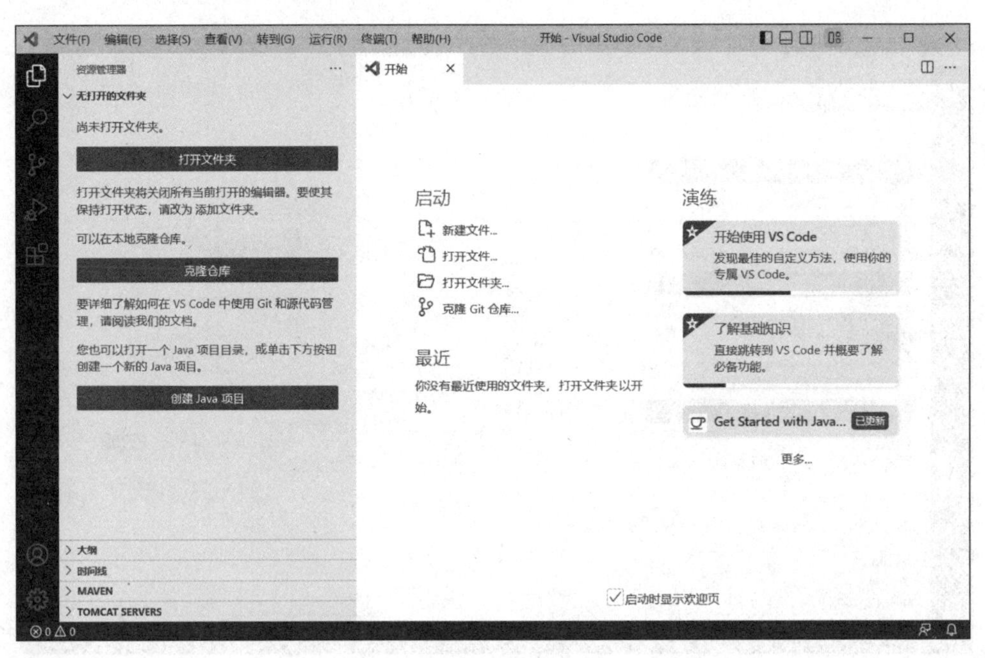

图 1-23　中文界面配置成功

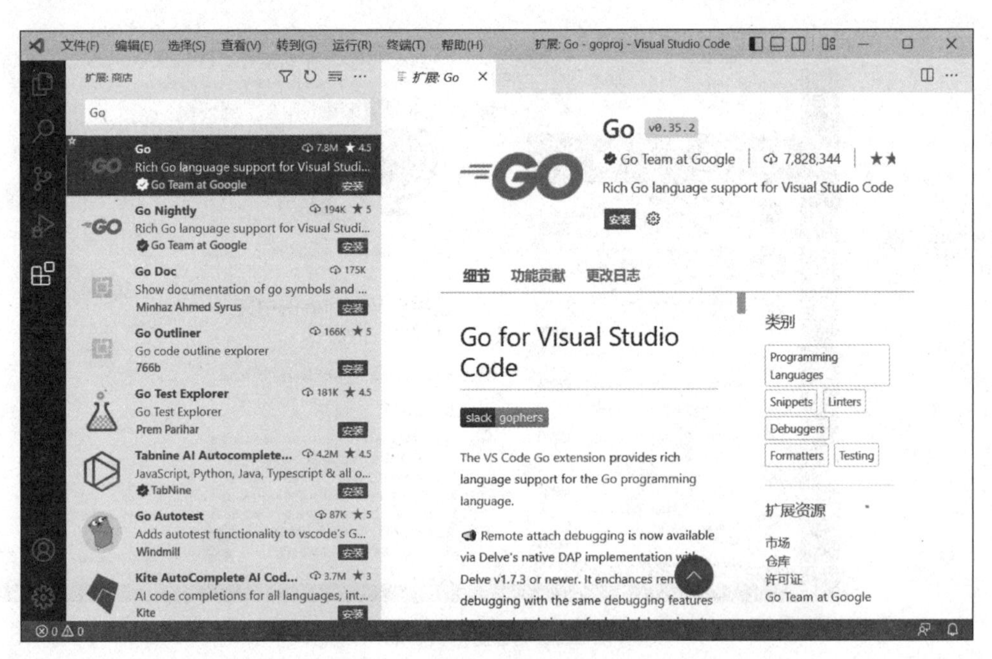

图 1-24　安装 Go for Visual Studio Code 扩展插件

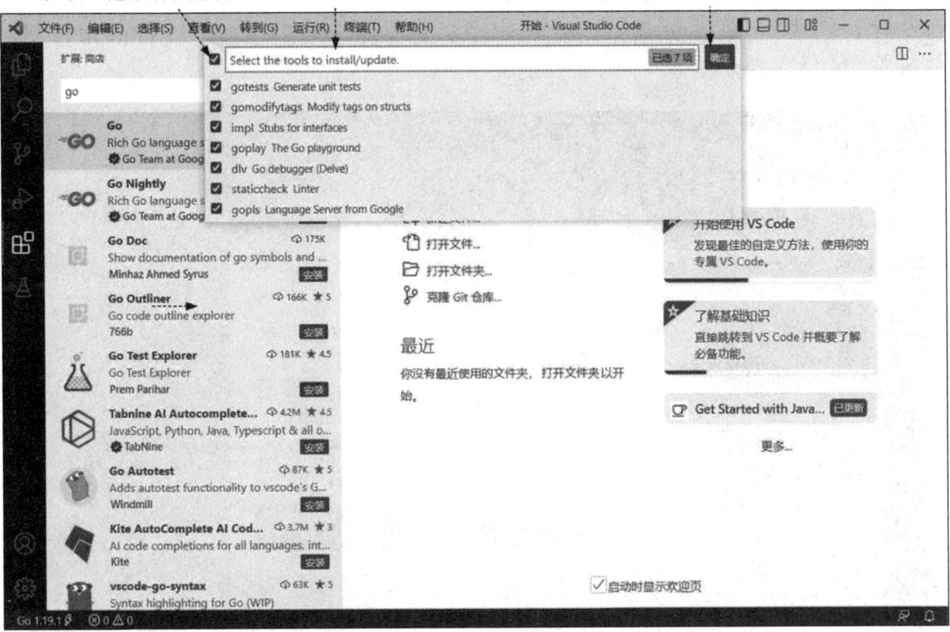

图 1-25　更新 Go 语言开发扩展插件

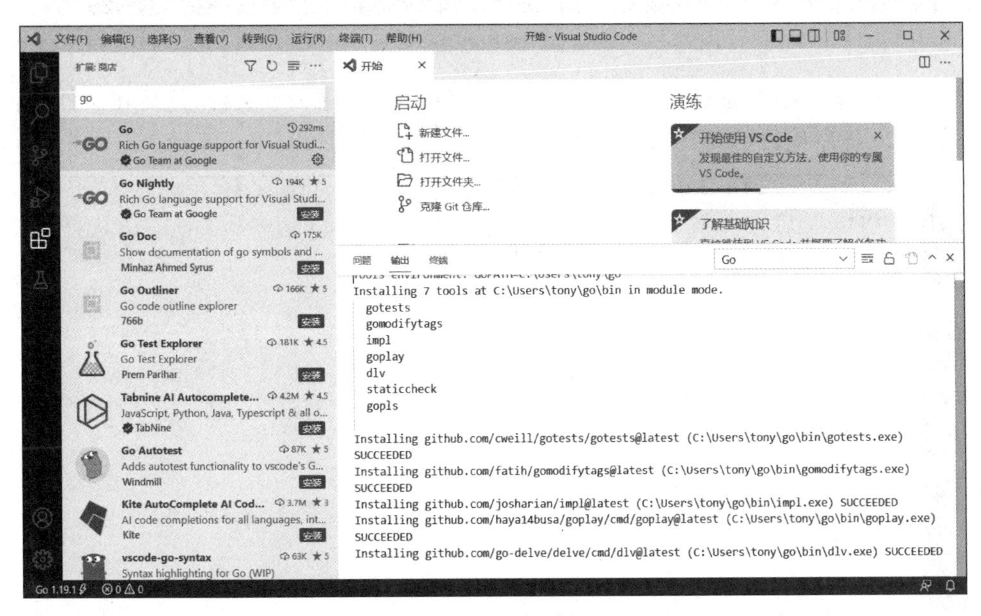

图 1-26　更新过程

5. 编写 Go 语言程序代码

使用 Visual Studio Code 编写程序，首先需要为项目创建一个文件夹，编写的代码可以放到这个文件夹中。在资源管理器中创建好文件夹后，在 Visual Studio Code 窗口中选择“文件”→“打开文件夹”命令，在弹出的对话框中打开刚刚创建的文件夹，在打开过程中将弹出确定信任对话框，如图 1-27 所示，选中“信任父文件夹‘代码’中所有文件的作者”复选框后打开文件夹。

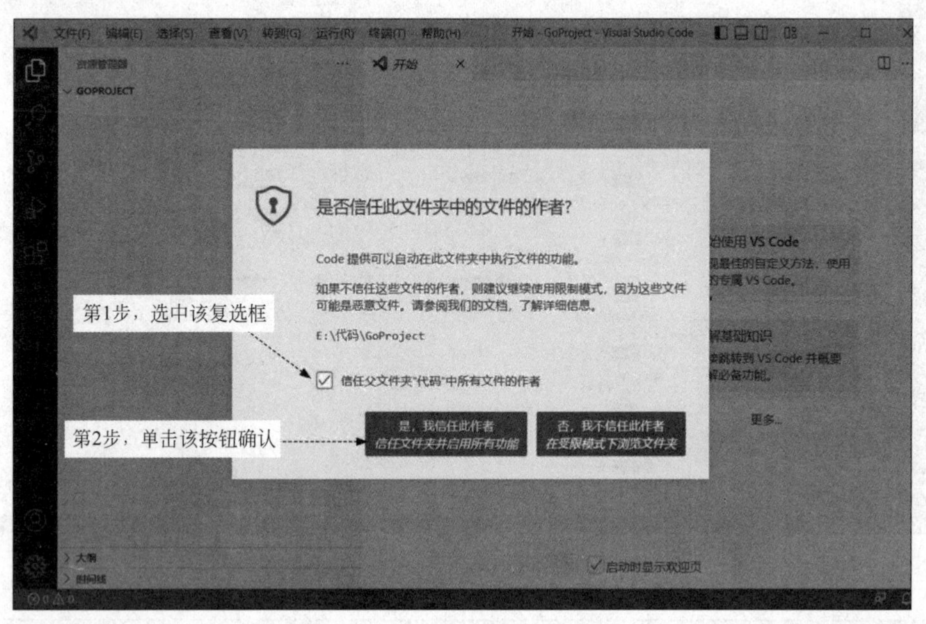

图 1-27　确定信任对话框

创建 Go 语言文件，选择“文件”→“新建文件”命令，新建一个文件，然后在文件中输入 Hello World 程序代码，如图 1-28 所示，最后将文件保存为 HelloWorld.go。

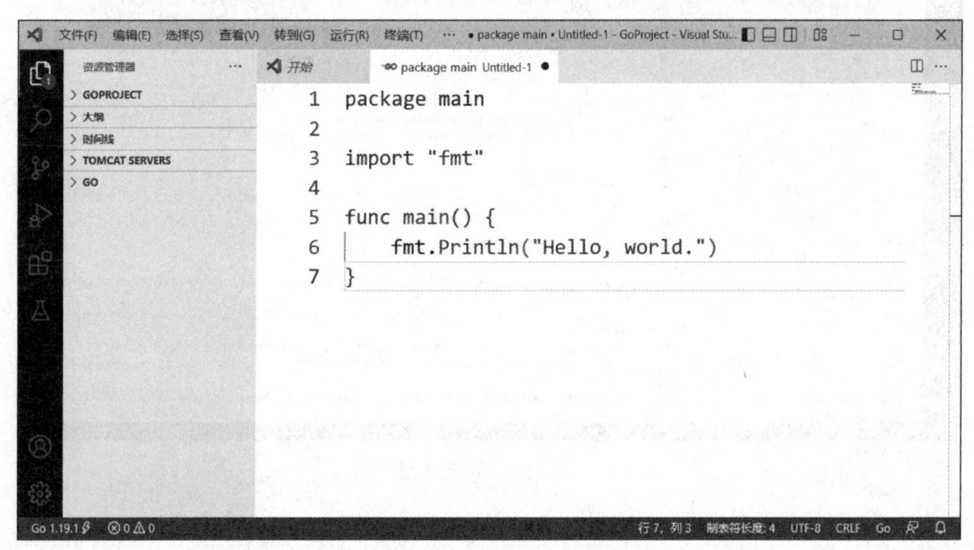

图 1-28　Hello World 程序代码

6. 运行 Go 语言程序代码

文件保存好之后就可以运行了。运行有两种模式：①调试模式；②非调试模式。打开运行菜单可见两种运行模式，如图 1-29 所示，可以通过菜单命令，或快捷键运行，调试模式运行结果如图 1-30 所示。

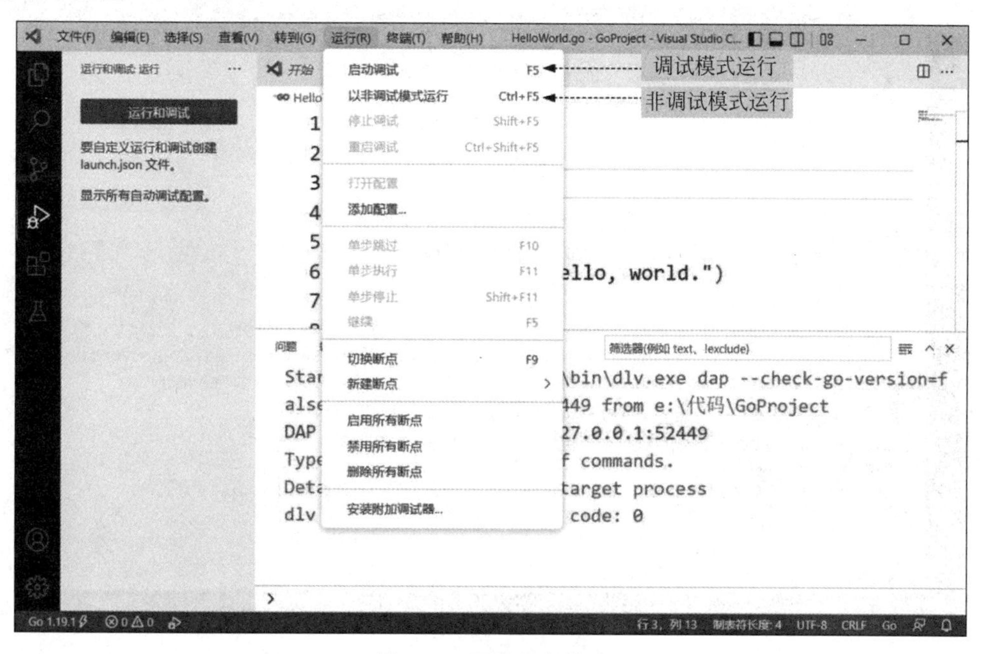

图 1-29 两种运行模式

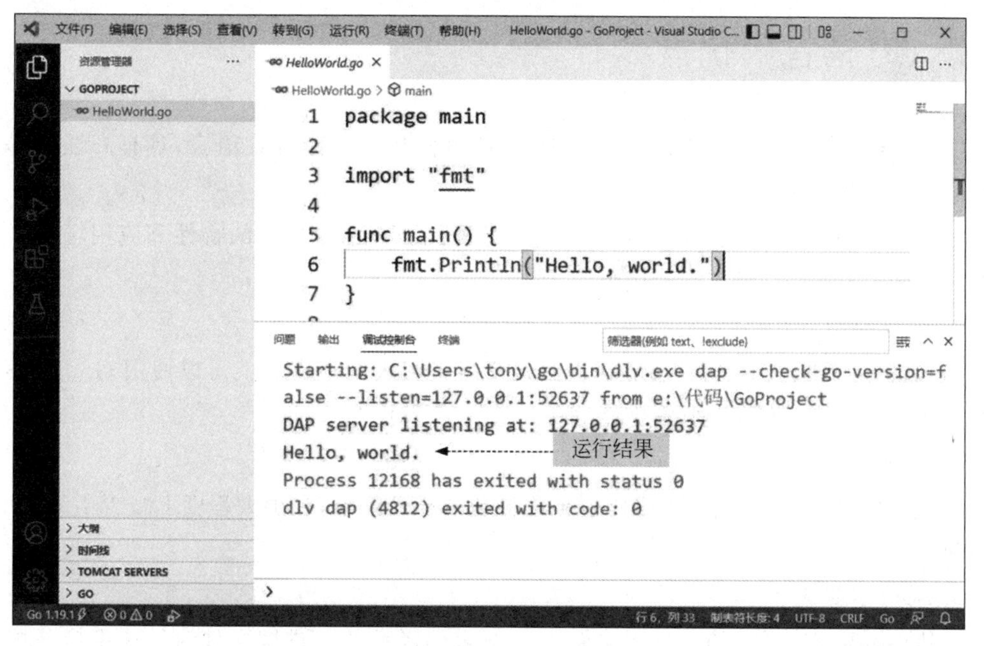

图 1-30 调试模式运行结果

程序运行结果将输出到输出窗口，如图 1-30 所示。如果采用调试模式运行，并设置了断点，则程序运行到断点处就会挂起，如图 1-31 所示。

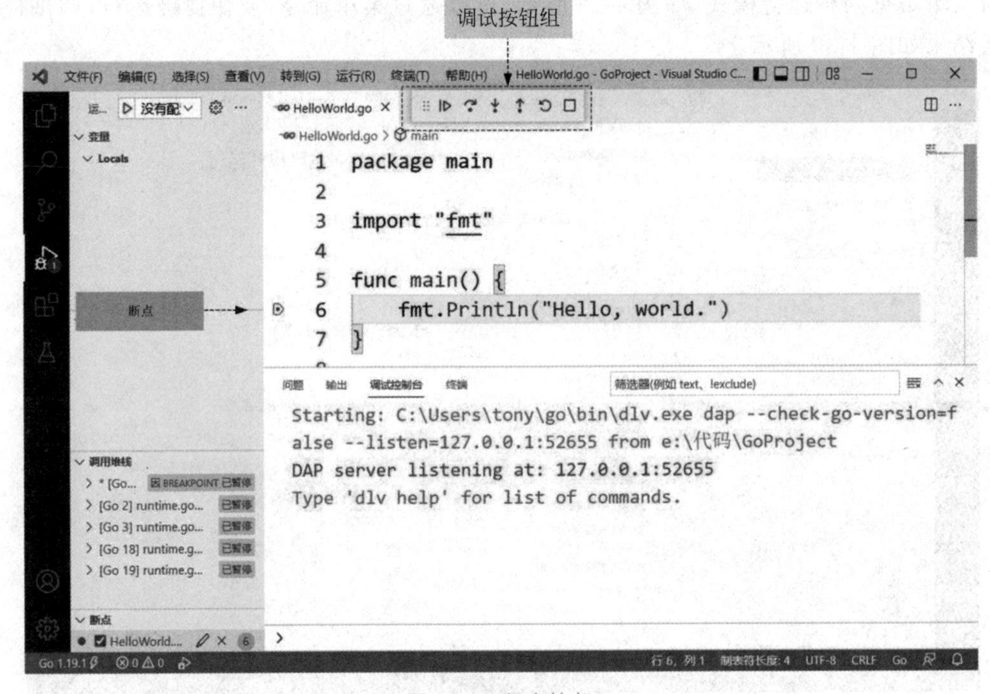

图 1-31　程序挂起

微课视频

1.5　Go 语言的优点

Go 语言被称为更好的 C 语言、互联网的 C 语言和云计算的 C 语言，具有高性能、易用性和高并发处理能力。

Python 和 Java 等编程语言盛行，C/C++等编程语言也有自己的特性和应用场景，作为后起之秀的 Go 语言究竟有哪些优势？

1. 简单易用

Go 语言上手非常容易，许多零基础的初学者学习大约一周后就可以使用 Go 语言完成某些任务，而 C/C++等语言则需要经过几个月的学习才可以上手。

2. 编译速度快

Go 语言结构简单，没有头文件，也不允许包的交叉编译，在很大程度上减少了编译所需的时间。

3. 运行速度快

虽然 Go 语言编译后的二进制文件比 C 语言编译后的二进制文件执行速度慢一些，但对于大多数应用程序来说，这个速度上的差异可以忽略不计。对于绝大多数工作而言，Go语言的性能与C语言一样优秀。

4. 支持并发

Go语言最主要的特性就是从语言层面原生支持并发，无须任何第三方库。Go语言的并发基于goroutine，可以理解为一种微线程。Go语言的并发充分利用CPU的资源，将goroutine合理地分配到每个CPU中，最大限度地发挥了CPU的性能。

5. 垃圾回收

一直以来，内存管理是程序开发中的一大难题。传统的编程语言C/C++中，程序员必须对内存进行细致的管理操作，控制内存的申请及释放，否则就可能产生内存泄漏问题。为了解决这个问题，Go语言采用了垃圾回收技术，从而使程序员更加专注于业务本身，不用关心内存管理问题。

1.6　如何获得帮助

初学者必须熟悉Go官方提供的帮助内容。打开网址https://go.dev/learn/，如图1-32所示，其中包括Documentation（文档）、Tour of Go（指南）和Go by Example（示例）等帮助模块。

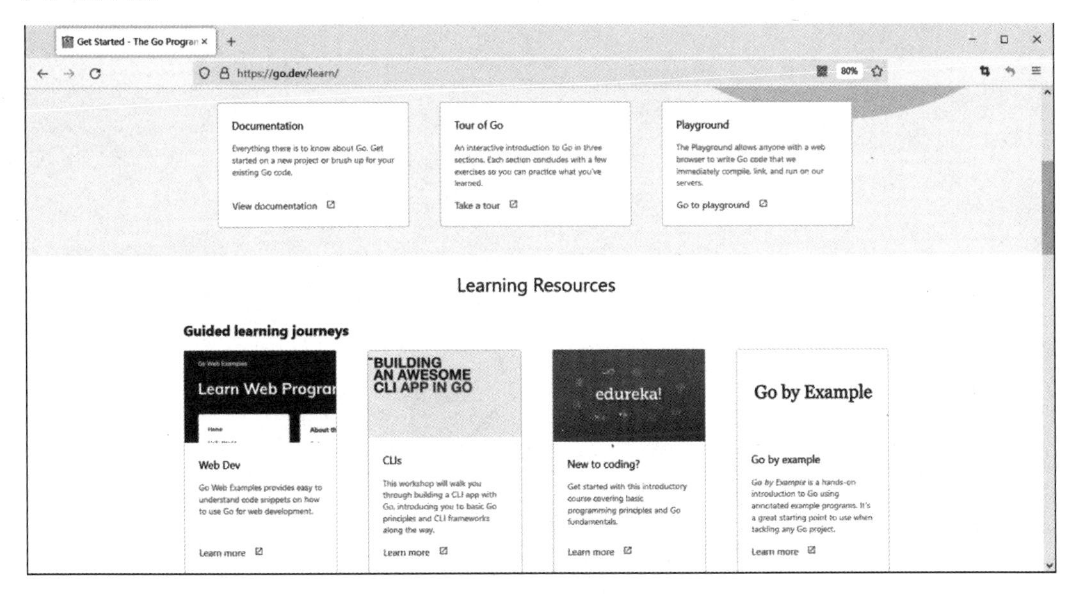

图1-32　Go官方提供的帮助内容

1.7 动手练一练

编程题

（1）使用文本编辑工具编写 Go 语言应用程序，然后使用 JDK 编译并运行该程序，使其在控制台输出字符串"世界，你好！"。

（2）使用 LiteIDE 或 Visual Studio Code 等 IDE 工具编写并运行 Go 语言应用程序，使其在控制台输出字符串"世界，你好！"。

第 2 章

Go 语言的语法基础

第 1 章介绍了如何编写并运行 Hello World 的 Go 语言程序，读者应该对于编写和运行 Go 语言程序有了一定了解。本章介绍 Go 语言中一些最基础的语法，包括标识符、关键字、语句、变量、常量、格式化输出、注释和包等内容。

2.1 标识符与关键字

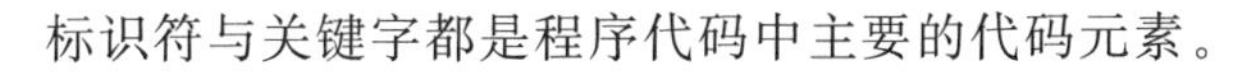

标识符与关键字都是程序代码中主要的代码元素。

2.1.1 标识符

在程序代码中，有一些代码元素，如变量、常量、函数、接口和包等，是由程序员指定的，这些由程序员指定的元素就是标识符。构成标识符的字符均有一定的命名规范，Go 语言中标识符的命名规则如下：

(1) 字符区分大小写：name 与 Name 是两个不同的标识符。

(2) 首字符可以是下画线(_)或字母，但不能是数字。

(3) 除首字符外的其他字符可以由下画线(_)、字母和数字构成。

(4) 关键字不能作为标识符。

例如，身高、identifier、userName、User_Name 和_sys_va 等标识符是合法的，而 2mail、room＃、$ Name 和 func 等标识符是不合法的。

提示 在上述合法的标识符中，"身高"虽然是中文命名，但也是合法的；2mail 不合法的原因是以数字开头，room＃不合法的原因是包含非法字符＃，func 不合法的原因是 func 为关键字。

2.1.2 关键字

除了标识符外，在程序代码中还有一些代码元素有特殊的含义，这就是关键字。Go 语言中有 25 个关键字，如表 2-1 所示。

表 2-1 Go 语言的关键字

break	default	func	interface	select
case	defer	go	map	struct
chan	else	goto	package	switch
const	fallthrough	if	range	type
continue	for	import	return	var

从表 2-1 可见，Go 语言中的关键字全部是小写的。

微课视频

2.2 语句

语句是代码的重要组成部分。在 Go 语言中，一行代码一般表示一条语句，语句结尾可以加分号，也可以省略分号。多条语句可构成代码块，也称复合语句，Go 语言中的代码块放到一对大括号"{}"中，语句块中可以有 $0\sim n$ 条语句。

示例代码如下：

```
// 2.2 语句
package main

import "fmt"

func main() {                                                    ①
       var str1 = "Hello, World."            // 声明 str1 变量
       var _hello = "HelloWorld";            // 分号(;)没有省略，程序没有错误发生

       var var1 = "Tom"; var var2 = "Bean";  // 一行代码有两条语句    ②
       fmt.Println(str1)
       fmt.Println(_hello)
       fmt.Println(var1)
```

```
    fmt.Println(var2)
}                                                   ③
```

上述代码第①行的左大括号"{"和代码第③行的右大括号"}"是一对,它们指定了 main 函数的作用范围。

提示 在 Go 语言中,一条语句结尾虽然可以省略分号,但是一般不推荐省略。另外,从编程规范的角度讲,每行至多包含一条语句,因此代码第②行的写法是不规范的。

2.3 变量

变量用于保存数据,它也是重要的代码元素。

2.3.1 声明变量

在 Go 语言中声明变量的语法格式如下:

```
var 变量名 变量类型 = 表达式
```

说明如下。

(1) var 是关键字,表示声明变量。

(2) 变量名应该符合命名规范。

(3) 变量类型可以省略,如果省略,那么变量类型由后面的表达式推导出来。

(4) 表达式也可以省略,但不能与变量类型同时省略。

声明变量示例代码如下:

```
package main

import "fmt"

func main() {

    // 2.3.1 声明变量
    var myvariable1 = 20
    var myvariable2 = "HelloWorld"
    var myvariable3 = 34.80

    fmt.Println("myvariable1 :", myvariable1)
    fmt.Println("myvariable2 :", myvariable2)
    fmt.Println("myvariable3 :", myvariable3)

    // 声明变量没有初始化
    var myvariable4 int                              ①
    var myvariable5 string
    var myvariable6 float64                          ②
```

```
    fmt.Println("myvariable4 :", myvariable4)
    fmt.Println("myvariable5 :", myvariable5)
    fmt.Println("myvariable6 :", myvariable6)

    // 一次声明多个变量
    var myvariable7, myvariable8, myvariable9 int = 2, 454, 67    ③

    fmt.Println("myvariable7 :", myvariable7)
    fmt.Println("myvariable8 :", myvariable8)
    fmt.Println("myvariable9 :", myvariable9)
    // 一次声明多个不同类型的变量
    var myvariable10, myvariable11, myvariable12 = 12,
                        "HelloWorld", 67.56                    ④

    fmt.Println("myvariable10 :", myvariable10)
    fmt.Println("myvariable11 :", myvariable11)
    fmt.Println("myvariable12 :", myvariable12)

}
```

上述代码第①～②行声明变量时并未提供初始化值，这在其他语言中是不可以的，而在Go语言中可以，这是Go语言的优势所在。变量myvariable4、myvariable5和myvariable6没有提供初始值，编译器会为其提供该数据类型的默认值。

上述代码第③行一次声明多个变量，它们都是int类型。

代码第④行一次声明多个变量，注意每个变量初始值不同，因此类型也不同。

上述代码执行结果如下：

```
myvariable1 : 20
myvariable2 : HelloWorld
myvariable3 : 34.8
myvariable4 : 0
myvariable5 :
myvariable6 : 0
myvariable7 : 2
myvariable8 : 454
myvariable9 : 67
myvariable10 : 12
myvariable11 : HelloWorld
myvariable12 : 67.56
```

2.3.2 声明短变量

Go语言的局部变量（如在函数中声明的变量）可以采用短变量形式声明，语法格式如下：

```
变量名:= 表达式
```

短变量在声明时不需要指定数据类型，编译器会根据表达式推导出其数据类型。

声明短变量的示例代码如下：

```
// 2.3.2 声明短变量
package main

import "fmt"

func main() {

    // 声明短变量
    myvar1 := 39                                          ①
    myvar2 := "HelloWorld"
    myvar3 := 34.67                                       ②

    // 打印变量和类型
    fmt.Println("myvariable1 :", myvar1)
    fmt.Printf("The myvariable1 的类型 : %T\n", myvar1)     ③

    fmt.Println("myvariable1 :", myvar2)
    fmt.Printf("The myvariable1 的类型 : %T\n", myvar2)

    fmt.Println("myvariable1 :", myvar3)
    fmt.Printf("The myvariable1 的类型 : %T\n", myvar3)

}
```

上述代码第①～②行采用短变量形式声明了三个局部变量；代码第③行通过 fmt.Printf()函数格式化输出字符串，括号中的%T 是格式化转换符。

提示 fmt.Println()函数与 fmt.Printf()函数的区别在于：fmt.Println()函数结尾会输出换行符；而 fmt.Printf()是格式输出函数，它会将变量格式化输出打印，但不会输出换行符。

上述代码运行结果如下：

```
myvariable1 : 39
The myvariable1 的类型 : int
myvariable1 : HelloWorld
The myvariable1 的类型 : string
myvariable1 : 34.67
The myvariable1 的类型 : float64
```

2.4 常量

微课视频

常量事实上是那些内容不能被修改的变量，与变量类似，常量也需要初始化，即在声明常量的同时要为其赋一个初始值。常量一旦初始化就不可以被修改。声明常量语法格式如下：

```
const 常量名 数据类型 = 表达式
```

其中，const 关键字表示声明常量，常量的数据类型根据表达式推导出来。

声明常量的示例代码如下：

```
// 2.4 常量
package main

import "fmt"

func main() {

    // 常量
    const π = 3.1415926                          ①
    const name = "关东升"
    fmt.Println("Hello", name)
    fmt.Printf("name 的类型 : %T\n", name)        ②

    fmt.Println("Happy", π, "Day")
    fmt.Printf("PI 的类型 : %T\n", π)

    const Correct = true
    fmt.Println("Go rules?", Correct)
    fmt.Printf("Correct 的类型 : %T\n", Correct)

}
```

上述代码第①行声明常量 π，代码第②行打印常量 π 的数据类型。

上述代码运行结果如下：

```
Hello 关东升
name 的类型 : string
Happy 3.1415926 Day
PI 的类型 : float64
Go rules? true
Correct 的类型 : bool
```

微课视频

2.5 格式化输出

fmt.Printf()函数可以格式化输出字符串。格式化是通过格式化转换符控制的，常用的格式化转换符如表 2-2 所示。

表 2-2 常用的格式化转换符

转换符	说明
%s	字符串格式化
%d	输出十进制整数
%f	输出浮点数,如.3f 表示保留小数位后 3 位
%b	输出二进制数
%o	输出八进制数
%x	输出十六进制数
%c	输出 ASCII 字符
%%	输出百分号%
%T	输出数据类型
%v	采用默认格式表示

格式化输出示例代码如下：

```
// 2.5 格式化输出
package main

import "fmt"

func main() {

	var mystring = "Hello world"
	fmt.Printf("这个字符串:%s\n", mystring)

	var mydata1 int = 64
	fmt.Printf("十进制数:%d\n", mydata1)
	fmt.Printf("八进制进制数:%o\n", mydata1)
	fmt.Printf("十六进制数:%x\n", mydata1)
	fmt.Printf("二进制数:%b\n", mydata1)

	var mydata2 float32 = 3.1415926
	fmt.Printf("浮点数:%.4f\n", mydata2)
}
```

上述示例代码输出结果如下：

```
这个字符串:Hello world
十进制数:64
八进制进制数:100
十六进制数:40
二进制数:1000000
浮点数:3.1416
```

微课视频

2.6 注释

Go语言中注释的语法有两种：单行注释(//)和多行注释(/*…*/)。

示例代码如下：

```
// 2.6 注释
package main

import "fmt"

/* main函数是程序入口                                    ①
函数没有返回值
没有参数
*/                                                       ②
func main() {
    var str1 = "Hello, World."    // 声明 str1 变量      ③

    var var1 = "Tom"
    var var2 = "Bean"             // 一行代码有两条语句  ④
    fmt.Println(str1)
    fmt.Println(var1)
    fmt.Println(var2)
}
```

上述代码第①行和第②行是多行注释，第③行和第④行是单行注释。

微课视频

2.7 包

在做大项目的时候，要处理大量的代码，这些代码一般放置在不同的代码文件中，为了便于管理这些代码文件，可以将功能相关的代码文件放到一个包(package)中。

2.7.1 声明包

Go语言中使用package语句声明包，语法格式如下：

```
package 包名
```

声明包需要注意如下问题：

(1) package语句应该放在代码文件的第一行。

(2) 在每个代码文件中只能有一个包声明语句。

2.7.2 导入包

为了能够使用一个包中的代码元素，需要使用import语句导入包。import语句应位于

package 语句之后，语法格式如下：

```
import (
    包路径 1
    包路径 2
    包路径 3
 ⋮
)
```

import 语句的括号中指定 1～n 个包路径。注意，如果只导入一个包，则小括号“()”可以省略。

示例代码如下：

```
// 2.7.2 导入包
package main

// 导入多个包
import (
    "bytes"
    "fmt"
    "sort"
)

func main() {

    // 创建并初始化切片
    slice_1 := []byte{'*', 'H', 'e', 'l', 'l', 'o', '^'}
    slice_2 := []string{"Hello", "Tom", "for", "World.", "Ok"}

    // 打印切片
    fmt.Println("初始化切片::")
    fmt.Printf("Slice 1 : %s", slice_1)
    fmt.Println("\nSlice 2: ", slice_2)

    // 使用 Trim()函数
    res := bytes.Trim(slice_1, "*^")
    fmt.Printf("\nNew Slice : %s", res)

    // 使用 Strings()函数
    sort.Strings(slice_2)
    fmt.Println("\nSorted slice:", slice_2)
}
```

这里应重点关注上述代码中的 import 语句，它导入了三个包。其他代码暂时不用关注。

2.7.3 自定义包

包本质上是一个文件夹，例如在 2.7.3 文件夹下创建 pkg1 和 pkg2 两个包，如图 2-1 所示，其中每一个包中包含一个 hello.go 文件（两个文件同名）。

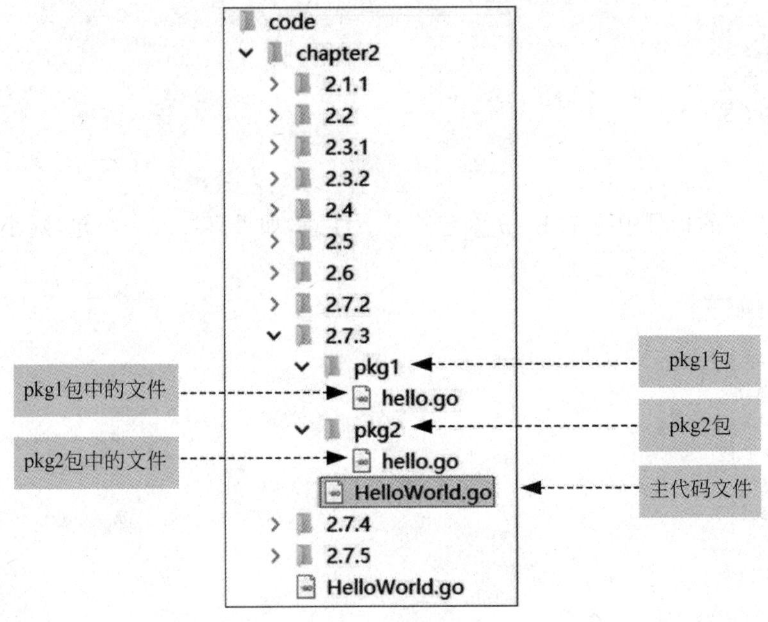

图 2-1 代码文件和包

pkg1 包中的 hello.go 文件代码如下：

```
// 2.7.3 自定义包
package pkg1                                                    ①

var Money = 2000       // 声明变量，首字母大写，指示其为公有变量  ②
var xyz = 10           // 声明变量                               ③

// 声明函数，首字母大写，指示其为公有变量
func Add(a, b int) int {                                        ④
    return a + b
}

// 声明函数
func sub(a, b int) int {                                        ⑤
    return a + b
}
```

上述代码第①行声明当前文件所在的包是 pkg1，代码第②行声明变量，为了在其他文件中访问这个变量，需要将其声明为公有的，这需要将变量首字母大写。

而代码第③行声明的变量 xyz，由于其首字母未大写，因此是私有的。

代码第④行声明 Add 函数，为了在文件外部访问，需要将其首字母大写，这与代码第②行声明公有变量是类似的。

代码第⑤行声明的函数是私有的。

pkg2 包中的 hello.go 文件代码如下：

```
// 2.7.3 自定义包
package pkg2                    ①

var Money = 100   // 声明变量          ②
```

上述代码第①行声明当前文件所在的包是 pkg2，代码第②行声明公有变量 Money。

在 HelloWorld.go 代码中使用 pkg1 包和 pkg2 包中的代码元素，代码如下：

```
// 2.7.3 自定义包
package main

import (
	"fmt"
	"./pkg1"                    ①
	"./pkg2"                    ②
)


func main() {
	var str1 = "Hello, World."
	fmt.Println(str1)
	fmt.Println(pkg1.Money)      //访问 pkg1 包中的 Money 变量          ③
	// fmt.Println(pkg1.xyz)     //无法访问 pkg1 包中的 xyz 变量
	fmt.Println(pkg2.Money)      //访问 pkg2 包中的 Money 变量          ④

	var x, y = 1, 1

	fmt.Printf("%d + %d = %d", x, y, pkg1.Add(1, 1))                   ⑤
}
```

上述代码第①行和第②行分别导入当前目录下的 pkg1 包和 pkg2 包，其他代码这里不再赘述，代码运行结果如下：

```
Hello, World.
2000
100
```

提示 短变量一般用来声明局部变量（如函数内部的变量），如果在函数外声明则会发生 Variable declaration outside of function body 编译错误。

2.7.4 为包提供别名

为了防止导入的包名发生冲突，可以在导入包时为其提供一个别名，语法格式如下：

```
import 包别名 包路径
```

示例代码如下：

```
// 2.7.4 为包提供别名
package main

import (
	"fmt"

	pk1 "./pkg1"                    // 为包提供别名 pk1       ①
	pk2 "./pkg2"                    // 为包提供别名 pk2       ②
)

func main() {
	var str1 = "Hello, World."
	fmt.Println(str1)
	fmt.Println(pk1.Money)      //访问 pkg1 包中的 Money 变量
	fmt.Println(pk2.Money)      //访问 pkg2 包中的 Money 变量

	var x, y = 1, 1

	fmt.Printf(" %d + %d = %d", x, y, pk1.Add(1, 1))
}
```

上述代码第①行为包提供了别名 pk1，代码第②行为包提供了别名 pk2。

2.7.5 匿名导入

在 Go 语言中导入一个包而不使用它，则会发生 imported and not used 编译错误，这种情况下可以采用匿名导入，就是用下画线“_”作为包的别名。

匿名导入示例代码如下：

```
// 2.7.5 匿名导入
package main

import (
	"fmt"

	_ "math/rand"                                          ①

	pk1 "./pkg1"                // 为包提供别名 pk1
	pk2 "./pkg2"                // 为包提供别名 pk2
)

func main() {
	var str1 = "Hello, World."
	fmt.Println(str1)
	fmt.Println(pk1.Money)    //访问 pkg1 包中的 Money 变量
	fmt.Println(pk2.Money)    //访问 pkg2 包中的 Money 变量
```

```
    var x, y = 1, 1

    fmt.Printf("%d + %d = %d", x, y, pk1.Add(1, 1))
}
```

上述代码第①行导入 rand 包,采用了匿名导入方式。

2.8 动手练一练

1. 选择题

(1) 下面哪些不是 Go 语言的关键字?( )

A. if　　B. then　　C. goto　　D. while

E. case

(2) 下面哪些是 Go 语言的不合法标识符?( )

A. 2variable　　B. variable2

C. _whatavariable　　D. _3_

E. $anothervar　　F. #myvar

G. 变量 1

2. 判断题

(1) 在 Go 语言中,一行代码表示一条语句。语句结尾可以加分号,也可以省略分号。 ( )

(2) 短变量只能在函数内部声明。 ( )

第 3 章

Go 语言的数据类型

在前面已经用到一些数据类型，如整数类型和字符串类型等，本章重点介绍基本数据类型。

微课视频

3.1 Go 语言的数据类型概述

Go 语言的数据类型可以分为基本数据类型、复合数据类型和自定义数据类型，如图 3-1 所示。

说明如下：

（1）基本数据类型是 Go 语言的内置数据类型，主要分为布尔类型、数值类型和字符串类型，其中数值类型又分为整数类型和浮点类型。

（2）复合数据类型是由基本数据类型组合出来的数据类型，如图 3-2 所示。复合数据类型将在第 5 章详细介绍，这里不再赘述。

（3）自定义数据类型是用户自定义的数据类型，需要通过 type 关键字定义。

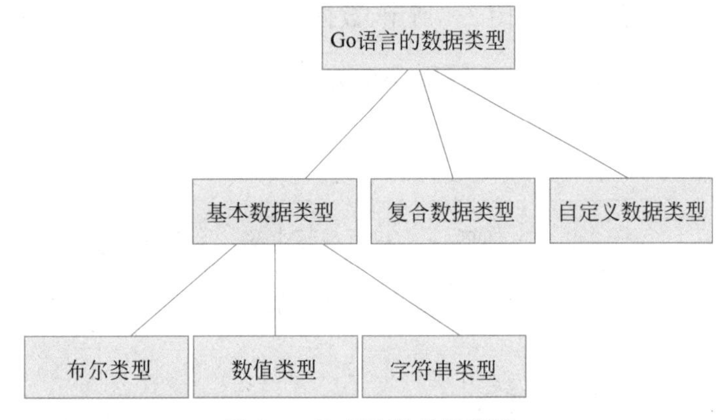

图 3-1 Go 语言的数据类型

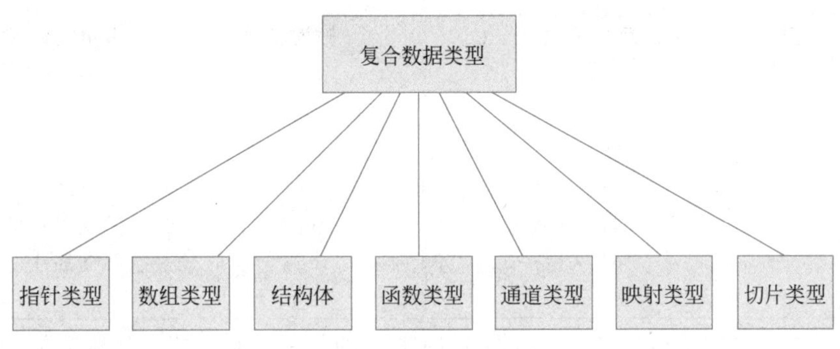

图 3-2 复合数据类型

3.2 整数类型

微课视频

Go 语言中整数类型分为以下两类。

(1) 与平台无关整数类型：如图 3-3 所示，数据占用的内存空间与平台无关，占用空间分别为 8 位、16 位、32 位和 64 位，又可分为有符号整数和无符号整数。

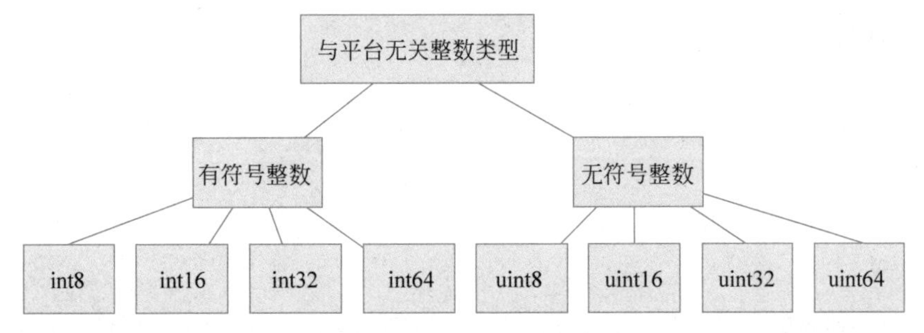

图 3-3 与平台无关整数类型

(2) 与平台相关整数类型：如图 3-4 所示，数据类型占用的内存空间是由系统决定的。

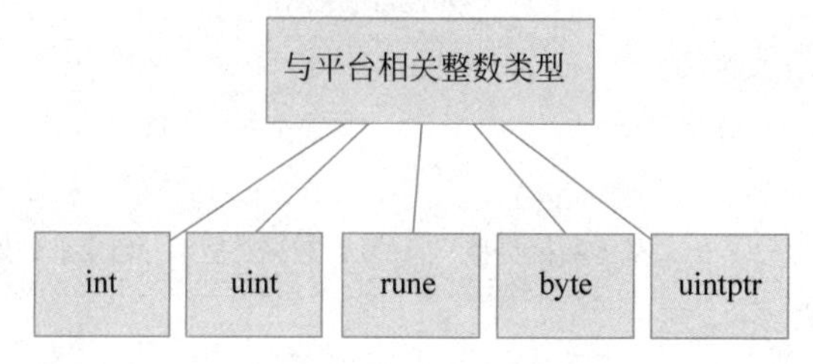

图 3-4 与平台相关整数类型

整数的默认类型是 int。

这些数据类型说明如表 3-1 所示。

表 3-1 数据类型说明

数据类型	占用空间(单位：位)	数据类型	占用空间(单位：位)
int8	8	uint16	16
int16	16	uint32	32
int32	32	uint64	64
uint	与平台相关	byte	等价于 uint8
int	与平台相关	uintptr	无符号的指针
int64	64	rune	等价于 int32
uint8	8		

Go 语言中的整数类型默认是 int，例如 19 表示的是十进制整数。其他进制(如二进制、八进制和十六进制)整数表示方式分别如下：

(1) 二进制数：以 0b 或 0B 为前缀，注意 0 是阿拉伯数字，例如 0B10011 表示十进制数 19。

(2) 八进制数：以 0o 或 0O 为前缀，第一个字符是阿拉伯数字 0，第二个字符是英文字母 o 或 O，例如 0O23 表示十进制数 19。

(3) 十六进制数：以 0x 或 0X 为前缀，注意 0 是阿拉伯数字，例如 0X13 表示十进制数 19。

示例代码如下：

```
// 3.2 整数类型
package main

import "fmt"

func main() {

    // 声明变量

    var int0 = 19                          // 十进制表示的 19
```

```
    var int1 int8 = 0b10011          // 二进制表示的 19
    var int2 int16 = 0o23            // 八进制表示的 19
    var int3 int32 = 0x13            // 十六进制表示的 19

    fmt.Printf("十进制数 %d\n", int0)
    fmt.Printf("int0 的类型 : %T\n", int0)

    fmt.Printf("二进制数 %b\n", int1)
    fmt.Printf("int1 的类型 : %T\n", int1)

    fmt.Printf("八进制制数 %o\n", int2)
    fmt.Printf("int2 的类型 : %T\n", int2)

    fmt.Printf("十六进制制数 %x\n", int3)
    fmt.Printf("int3 的类型 : %T\n", int3)

}
```

上述代码执行结果如下：

```
十进制数 19
int0 的类型 : int
二进制数 10011
int1 的类型 : int8
八进制制数 23
int2 的类型 : int16
十六进制制数 13
int3 的类型 : int32
```

3.3 浮点类型

微课视频

浮点类型主要用来存储小数。Go 语言提供了两种精度的浮点数：32 位浮点数 float32 和 64 位浮点数 float64，默认类型是 float64。

浮点类型可以使用小数表示，也可以使用科学记数法表示，科学记数法中会使用大写或小写的 e 表示 10 的指数，如 e2 表示 10^2。

示例代码如下：

```
// 3.3 浮点类型
package main

import "fmt"

func main() {

    // 声明变量
    var float1 = 0.0                     // 浮点数 0
    var float2 float32 = 2.154327
    var float3 float64 = 2.1543276e2     // 科学记数法表示浮点数
```

```
    var float4 = 2.1543276e-2          // 科学记数法表示浮点数

    fmt.Printf("float1: %f\n", float1)
    fmt.Printf("float2 的类型 : %T\n", float2)

    fmt.Printf("float3 的类型 : %f\n", float3)
    fmt.Printf("float3 的类型 : %T\n", float3)

    fmt.Printf("float4 的类型 : %f\n", float4)
    fmt.Printf("float4 的类型 : %T\n", float4)
}
```

上述代码执行结果如下：

```
float1: 0.000000
float2 的类型 : float32
float3 的类型 : 215.432760
float3 的类型 : float64
float4 的类型 : 0.021543
float4 的类型 : float64
```

微课视频

3.4 复数类型

复数在数学中是非常重要的概念，无论是理论物理学，还是电气工程实践中都经常使用。很多计算机语言都不支持复数，而Go语言是支持复数的，这使得Go语言能够很好地用于科学计算。

Go语言中的复数类型有两种：complex128(64位实部和64位虚部)和complex64(32位实部和32位虚部)，其中complex128为默认的复数类型。

示例代码如下：

```
// 3.4 复数类型
package main

import "fmt"

func main() {

    // 声明变量

    var complex1 complex128 = complex(2, -3)    // 声明实部为 2,虚部为 -3 的复数
    var complex2 complex64 = complex(9, 2)      // 通过 complex()函数创建复数,该函数第
                                                // 1 个参数是实部,第 2 个参数是虚部

    fmt.Println(complex1)
    fmt.Println(complex2)

}
```

上述代码执行结果如下：

```
(2 - 3i)
(9 + 2i)
```

3.5 布尔类型

微课视频

Go 语言中的布尔类型为 bool，它只有两个值：true 和 false。

示例代码如下：

```
// 3.5 布尔类型
package main

import "fmt"

func main() {

        // 声明变量
        var male bool  =  true
        var female  =  false

        fmt.Println(male)
        fmt.Println(female)

        fmt.Printf("male 的类型 ： % T\n", male)
        fmt.Printf("female 的类型 ： % T\n", female)
```

上述代码执行结果如下：

```
true
false
male 的类型 ： bool
female 的类型 ： bool
```

3.6 类型转换

微课视频

学习了前面的数据类型后，读者可能会思考一个问题：数据类型之间是否可以相互转换呢？数据类型的转换情况比较复杂。在基本数据类型中，数值类型之间可以互相转换，但字符类型和布尔类型不能与数值类型相互转换。

注意 Go 语言中不存在隐式类型转换，所有类型都必须显式类型转换。

显式类型转换语法格式如下：

```
目标数据类型(表达式)
```

显式转换示例代码如下：

```
// 3.6 类型转换
package main

import "fmt"

func main() {

    // 声明变量
    var sum int = 17
    var count int = 5
    var mean float32

    mean = float32(sum) / float32(count)                                       ①
    fmt.Printf("mean : %f\n", mean)

    var long1 int64 = 999999999999
    var int1 int32 = int32(long1)    // 将 int64 类型强制转换为 int32 类型,精度丢失   ②
    fmt.Println(int1)                // -727379969

    var float1 = 3.456
    var int2 = int32(float1)         // 小数部分被截掉                              ③
    fmt.Println(int2)

}
```

上述代码第①行将 sum 变量转换为 float32 数据类型，将 count 变量转换为 float32 数据类型。

需要注意的是，代码第②行经过类型转换后，原本的 999999999999 变成了负数。当字节长度大的数值转换为字节长度小的数值时，大数值的高位被截掉，这样就会导致数据精度丢失。

代码第③行浮点数转换为整数时，小数部分会被截掉。

上述代码执行结果如下：

```
mean : 3.400000
-727379969
```

3.7 字符串类型

一个字符串是一个不可改变的字节序列，其中每个字符均采用 UTF-8 编码，UTF-8 编码可以表示世界上存在的任何语言的字符。

微课视频

3.7.1 字符串表示

Go 语言中的字符串是用双引号("")包裹起来表示的。

示例代码如下：

```
// 3.7.1 字符串表示
package main

import "fmt"

func main() {

	// 声明字符串变量
	var s1 = "Hello"
	// 字符串拼接
	var s2 = s1 + "World."
	// 采用 Unicode 编码表示字符串
	var s3 = "\u0048\u0065\u006c\u006c\u006f\u0020\u0057\u006f\u0072\u006c\u0064"
	//汉字字符串
	const s4 = "世界你好"

	fmt.Println(s2)
	fmt.Println(s3)
	fmt.Println(s4)

	// 通过 len()函数获得字符串长度
	fmt.Printf("s1 字符串长度: %d\n", len(s1))
	fmt.Printf("%c\n", s1[0])

}
```

上述代码执行结果如下：

```
HelloWorld.
Hello World
世界你好
s1 字符串长度:5
```

3.7.2　字符转义

如果想在字符串中包含一些特殊的字符，例如换行符、制表符等，在普通字符串中则需要转义，前面要加上反斜线“\”，这称为字符转义。用于转义的字符称为转义符，表 3-2 所示是常用的转义符。

表 3-2　常用的转义符

转　义　符	Unicode 编码	说　　明
\t	\u0009	水平制表符 tab
\n	\u000a	换行
\r	\u000d	回车
\"	\u0022	双引号
\'	\u0027	单引号
\\	\u005c	反斜线

示例代码如下：

```
// 3.7.2 字符转义
package main

import "fmt"

func main() {
	// 声明变量
	var s1 = "\"世界\"你好!"          // 转义双引号
	var s2 = "Hello\t World"        // 转义制表符
	var s3 = "Hello\\ World"        // 转义反斜线
	var s4 = "Hello\n World"        // 转义换行符

	fmt.Println("s1", s1)
	fmt.Println("s2", s2)
	fmt.Println("s3", s3)
	fmt.Println("s4", s4)
}
```

上述代码执行结果如下：

```
s1 "世界"你好!
s2 Hello World
s3 Hello\ World
s4 Hello
World
```

3.7.3 原始字符串

微课视频

如果字符串中有很多特殊字符都需要转义，使用转义符就非常麻烦，也不美观。这种情况下可以使用原始字符串(rawstring)表示。原始字符串使用反引号(`)包裹起来，其中的特殊字符不需要转义，按照字符串的本来"面目"呈现。例如在 Windows 系统中，tony 用户 Documents 文件夹下面的\readme.txt 文件的路径表示如下：

```
C:\Users\tony\Documents\readme.txt
```

由于文件路径分隔用反斜线表示，在程序代码中用普通字符串表示时需要将反斜线进行转义，而路径中有很多反斜线，所以很麻烦。如果采用原始字符串，就比较简单了，示例代码如下：

```
// 3.7.3 原始字符串
package main

import "fmt"

func main() {
	// 声明变量
	// 采用普通字符串表示文件路径,其中的反斜线需要转义
	const filepath1 = "C:\\Users\\tony\\Documents\\readme.txt"
```

```
    // 采用原始字符串表示文件路径,其中的反斜线不需要转义
    const filepath2 = `C:\Users\tony\Documents\readme.txt`

    fmt.Println("路径 1:", filepath1)
    fmt.Println("路径 2:", filepath2)

    // 声明长字符串 s1

    const s1 = `
      «将进酒»
君不见黄河之水天上来，    奔流到海不复回。
君不见高堂明镜悲白发，    朝如青丝暮成雪。
人生得意须尽欢，    莫使金樽空对月。
天生我材必有用，    千金散尽还复来。
烹羊宰牛且为乐，    会须一饮三百杯。
岑夫子,丹丘生，    将进酒,杯莫停。
与君歌一曲，  请君为我倾耳听。
钟鼓馔玉不足贵，    但愿长醉不复醒。
古来圣贤皆寂寞，    惟有饮者留其名。
陈王昔时宴平乐，    斗酒十千恣欢谑。
主人何为言少钱，    径须沽取对君酌。
五花马,千金裘，    呼儿将出换美酒，
与尔同销万古愁。
`

    fmt.Println("长字符串 s1:", s1)

}
```

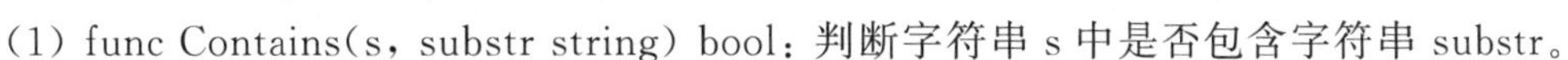

3.7.4 操作字符串的常用函数

Go 语言的 strings 包提供了很多操作字符串的函数,下面介绍几个常用的操作字符串函数。

(1) func Contains(s, substr string) bool：判断字符串 s 中是否包含字符串 substr。

(2) func Replace(s, old, new string, n int) string：用 string 替换字符串 s 中的 old 字符串,并返回替换后的字符串,其中参数 n 是指定替换的个数。

(3) func ToUpper(s string) string：将字符串 s 中的所有字母转换为大写字符。

(4) func ToLower(s string) string：将字符串 s 中的所有字母转换为小写字符。

(5) func Split(s, sep string) []string：将字符串 s 按照 sep 进行分割,返回字符切片。

```
// 3.7.4 操作字符串的常用函数
package main

import (
    "fmt"
    "strings"                                    // 导入字符串包
)

func main() {
```

```
    // 短变量声明字符串
    string1 := "Hello"
    string2 := "hello"
    result := string1 == string2                                    ①
    fmt.Println(result)                      //输出 false

    // 短变量声明字符串
    text1 := "Go Programming"
    substring1 := "Go"
    // 在 text1 中查找是否包含 substring1 字符串
    result = strings.Contains(text1, substring1)                    ②
    fmt.Println(result)                      // 输出 true

    text2 := "car"
    fmt.Println("旧字符串:", text2)

    // 把 r 替换为 t
    replacedText := strings.Replace(text2, "r", "t", 1)             ③

    fmt.Println("新字符串:", replacedText)   // 输出 cat

    text3 := "I Love Golang"

    // 转换为大写
    text4 := strings.ToUpper(text3)                                 ④

    fmt.Println(text4)                       // 输出 I LOVE GOLANG
    // 转换为小写
    var text5 = strings.ToLower(text3)                              ⑤
    fmt.Println(text5)                       // 输出 i love golang

    // 用空格分割字符串" "
    splittedString := strings.Split(text3, " ")                     ⑥
    fmt.Println(splittedString)              // 输出[I Love Golang]
}
```

上述代码第①行通过“==”比较字符串是否相等。

代码第②行通过字符串的 Contains()方法判断是否包含子字符串。

代码第③行通过字符串的 Replace()方法替换字符。

代码第④行将字符串中的所有字母转换为大写，代码第⑤行将字符串中的所有字母转换为小写。

代码第⑥行通过字符串的 Split()方法分割字符串，其中第 1 个参数是要被分割的字符串，第 2 个参数是分割字符串，返回字符串数组。

上述代码执行结果如下：

```
false
true
旧字符串: car
新字符串: cat
```

```
I LOVE GOLANG
i love golang
[I Love Golang]
```

3.8 动手练一练

选择题

(1) 下面哪行代码在编译时不会出现警告或错误信息？( )

A. var f = 1.3　B. var f int = 13　C. f:= 13　D. var f int = 13

(2) int8 的取值范围是( )。

A. −128～127　B. −256～256

C. −255～256　D. 依赖于计算机本身硬件

(3) 下列选项中不是 Go 语言的基本数据类型是( )。

A. short　B. int16　C. int　D. float

(4) 下列选项中关于原始字符串的说法正确的是( )。

A. 需使用单引号(')包裹起来　B. 需使用双引号(")包裹起来

C. 需使用三重单引号(''')包裹起来　D. 需使用反引号(`)包裹起来

第4章

运 算 符

本章介绍Go语言中主要的运算符，包括算术运算符、关系运算符、逻辑运算符、位运算符、赋值运算符和其他运算符。

微课视频

4.1 算术运算符

算术运算对数字和数据都有效。算术运算符又分为：

(1) 一元算术运算符，包括＋＋和－－。

(2) 二元算术运算符，包括＋、－、＊、/和％等。

算术运算符具体说明如表4-1所示。

表4-1 算术运算符

运算符	名称	例子	说明
＋	加	x＋y	求x加y的和
－	减	x－y	求x减y的差

续表

运算符	名称	例子	说明
*	乘	x * y	求 x 乘以 y 的积
/	除	x/y	求 x 除以 y 的商
%	取余	x%y	求 x 除以 y 的余数
++	自加 1	加 1 后返回	x++
--	自减 1	减 1 后返回	x--

示例代码如下：

```
// 4.1 算术运算符
package main

import "fmt"

func main() {
	var x, y = 15, 25

	var result = x + y
	fmt.Printf("x + y = %d\n", result)

	result = x - y
	fmt.Printf(" x- y = %d\n", result)

	result = x * y
	fmt.Printf(" x* y = %d\n", result)

	result = x / y
	fmt.Printf(" x/ y = %d\n", result)

	result = x % y
	fmt.Println(result)
	var a, b = 15, 25
	a++
	b--

	fmt.Printf("a = %d\n", a)
	fmt.Printf("b = %d\n", b)

}
```

输出结果如下：

```
x + y = 40
x- y = -10
x* y = 375
x/ y = 0
15
a = 16
b = 24
```

微课视频

4.2 关系运算符

关系运算是比较两个表达式大小关系的运算，属于二元运算，运算结果是布尔类型数据，即 true 或 false。关系运算符有==、!=、>、<、>=和<=6 种，具体说明如表 4-2 所示。

表 4-2 关系运算符

运 算 符	名 称	例 子	说 明
==	等于	x==y	x 等于 y 时，返回 true，否则返回 false
!=	不等于	x!=y	与==相反
>	大于	x>y	x 大于 y 时，返回 true，否则返回 false
<	小于	x<y	x 小于 y 时，返回 true，否则返回 false
>=	大于或等于	x>=y	x 大于或等于 y 时，返回 true，否则返回 false
<=	小于或等于	x<=y	x 小于或等于 y 时，返回 true，否则返回 false

示例代码如下：

```
// 4.2 关系运算符
package main

import "fmt"

func main() {
	var x, y = 15, 25

	fmt.Println(x == y)		//false
	fmt.Println(x != y)		//true
	fmt.Println(x < y)		//true
	fmt.Println(x <= y)		//true
	fmt.Println(x > y)		//false
	fmt.Println(x >= y)		//false
}
```

微课视频

4.3 逻辑运算符

逻辑运算符用于对布尔类型变量进行运算，其结果也是布尔类型，具体说明如表 4-3 所示。

表 4-3 逻辑运算符

运 算 符	名 称	例 子	说 明
!	逻辑非	! x	x 为 true 时，值为 false；a 为 false 时，值为 true
&&	逻辑与	x&&y	x 和 y 全为 true 时，计算结果为 true，否则为 false
||	逻辑或	x||y	x 和 y 全为 false 时，计算结果为 false，否则为 true

提示 在x&&y中，如果x为false，则不计算y(因为不论y为何值，其结果都为false)；x||y中，如果x为true，则不计算y(因为不论y为何值，其结果都为true)。

示例代码如下：

```
// 4.3 逻辑运算符
package main

import "fmt"

func main() {
	var x, y, z = 10, 20, 30

	fmt.Println(x < y && x > z)          //false
	fmt.Println(x < y || x > z)          //true
	fmt.Println(!(x == y && x > z))      //true

	fmt.Println(x > y && abc())                    ①

}

// 定义一个返回布尔值的函数
func abc() bool {
	fmt.Println("调用 abc 函数...")
	return true
}
```

输出结果如下：

```
false
true
true
false
```

从运行结果可见，代码第①行整个逻辑表达式计算结果是false，但是由于x>y已经返回false，所以函数abc()没有被调用。

4.4 位运算符

微课视频

位运算是以二进位(bit)为单位进行运算的，操作数和结果都是整型数据。位运算符有如下几个：&、|、^、>>和<<，具体说明如表4-4所示。

表4-4 位运算符

运 算 符	名 称	例 子	说 明
&	位与	x&y	x与y位进行位与运算
|	位或	x|y	x与y位进行位或运算

续表

运算符	名称	例子	说明
^	位异或	x^y	x与y位进行位异或运算
>>	右移	x >> y	x右移y位，高位用0补位
<<	左移	x << y	x左移y位，低位用0补位

示例代码如下：

```
// 4.4 位运算符
package main

import "fmt"

func main() {

	var x uint = 0b1011010           //十进制 90
	var y uint = 0b1010110           //十进制 86

	var result = x | y               //OB1011110
	fmt.Printf("x | y:二进制表示: %b\n", result)

	result = x & y                   //OB1010010
	fmt.Printf("x & y:二进制表示: %b\n", result)
	result = x ^ y                   //OB1100

	fmt.Printf("x ^ y:二进制表示: %b\n", result)
	result = x >> 2                  //十进制 22
	fmt.Printf("x >> 2:二进制表示: %b\n", result)
	fmt.Printf("x >> 2:十进制表示: %d\n", result)
	result = x << 2                  //十进制 360
	fmt.Printf("x << 2:二进制表示: %b\n", result)
	fmt.Printf("x << 2:十进制表示: %d\n", result)
}
```

输出结果如下：

```
x | y:二进制表示:1011110
x & y:二进制表示:1010010
x ^ y:二进制表示:1100
x >> 2:二进制表示:10110
x >> 2:十进制表示:22
x << 2:二进制表示:101101000
x << 2:十进制表示:360
```

注意 上述代码中，右移 n 位相当于操作数除以 2^n，所以 $(x>>2)$ 表达式相当于 $(x/2^2)$，结果等于22；另外，左位移 n 位相当于操作数乘以 2^n，所以 $(a<<2)$ 表达式相当于 $(a\times 2^2)$，结果等于360。

4.5 赋值运算符

赋值运算符只是一种简写，一般用于表示变量自身的变化。具体说明如表 4-5 所示。

表 4-5 赋值运算符

运 算 符	名 称	例 子
+=	加赋值	a += b、a += b + 3
-=	减赋值	a -= b
*=	乘赋值	a *= b
/=	除赋值	a/= b
%=	取余赋值	a %= b
&=	位与赋值	x&= y
|=	位或赋值	x|= y
^=	位异或赋值	x^= y
<<=	左移赋值	x <<= y
>>=	右移赋值	x >>= y

示例代码如下：

```
// 4.5 赋值运算符
package main

import "fmt"

func main() {

    x := 50

    x += 3    // 53
    fmt.Println("x:", x)
    x -= 3    // 50
    fmt.Println("x:", x)
    x *= 3    // 150
    fmt.Println("x:", x)
    x /= 3    // 50
    fmt.Println("x:", x)
    x %= 3    // 2
    fmt.Println("x:", x)
    x &= 3    // 2
    fmt.Println("x:", x)
    x |= 3    // 3
    fmt.Println("x:", x)
    x ^= 3    // 0
    fmt.Println("x:", x)
    x >>= 3   // 0
```

```
    fmt.Println("x:", x)
    x <<= 3   // 0
    fmt.Println("x:", x)

}
```

输出结果如下：

```
x: 53
x: 50
x: 150
x: 50
x: 2
x: 2
x: 3
x: 0
x: 0
x: 0
```

4.6 其他运算符

除了前面介绍的主要运算符外，Go语言中还有一些其他运算符，其中有两个与指针相关的运算符，具体说明如表4-6所示。

表4-6 与指针相关的运算符

运 算 符	名 称	例 子	描 述
&	取地址运算符	&a	获得变量a的地址
*	间接寻址运算符	*a	声明指针变量

4.7 运算符优先级

在一个表达式的计算过程中，运算符的优先级非常重要。表4-7中从上到下，运算符优先级从低到高，同一行具有相同的优先级。二元运算符计算顺序为从左向右，但是优先级相同的赋值运算符的计算顺序是从右向左的。

表4-7 运算符优先级

优先级	分 类	运 算 符
1	逗号运算符	,
2	赋值运算符	=、+=、-=、*=、/=、%=、>=、<<=、&=、^=、|=
3	逻辑或	||
4	逻辑与	&&
5	按位或	|
6	按位异或	^

续表

优先级	分　类	运　算　符
7	按位与	&
8	相等/不等	== 、!=
9	关系运算符	<、<= 、>、>=
10	位移运算符	<<、>>
11	加法/减法	+ 、-
12	乘法/除法/取余	*(乘号)、/、%
13	一元运算符	! 、*(指针)、&、++ 、-- 、+(正号)、-(负号)
14	后缀运算符	()、[]、->

运算符优先级从高到低顺序大体为:算术运算符→位运算符→关系运算符→逻辑运算符→赋值运算符。

4.8　动手练一练

选择题

(1) 下列选项中合法的赋值语句有哪些?(　　)

A. a==1　　　　B. ++a

C. a=a+1=5　　　　D. a++

(2) 如果所有变量都已正确定义,以下选项中非法的表达式有哪些?(　　)

A. a!=4||b==1　　　　B. 'a'%3

C. --a　　　　D. a--

(3) 如果定义 var a = 2,则执行完语句 a += a * a 后,a 的值是(　　)。

A. 0　　B. 4　　C. 8　　D. 6

(4) 表达式 0b1010000000>>4 的运行结果是(　　)。

A. 0b0000101000　　　　B. 0b0010010000

C. 0b0010001000　　　　D. 0b00100110000

第 5 章 复合数据类型

第 3 章介绍了基本数据类型，这些数据类型只能存储单个数据值。由基本数据类型组合而成的数据类型称复合数据类型，复合数据类型又分为指针、数组、切片、映射、结构体、函数和管道等类型，本章重点介绍指针、数组、切片、映射等复合数据类型。

微课视频

5.1 指针

指针是用来保存其他变量内存地址的变量。一个变量初始化后，如 x 变量被赋值为 100 后，计算机会为该变量分配内存空间，假设变量 x 的内存地址是 0x61ff08，声明一个指针变量 ptr，它将保存变量 x 的内存地址 0x61ff08，如图 5-1 所示。

5.1.1 声明指针变量

声明指针变量的语法格式如下：

```
var 变量名 *变量类型
```

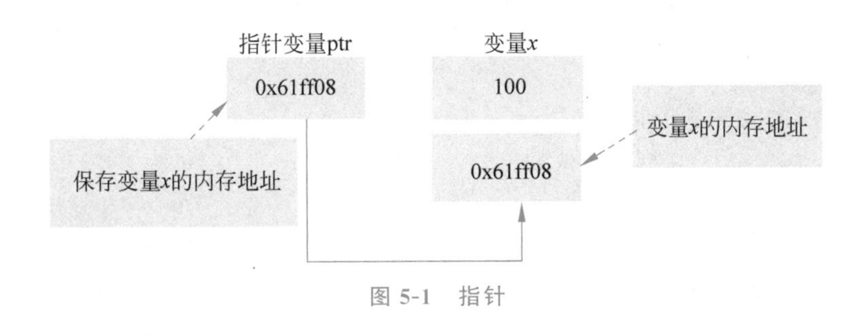

图 5-1　指针

注意　* 间接寻址运算符与数据类型及变量名之间可以间隔任意多个空格或制表符，但一般推荐间隔一个空格。

声明指针变量示例代码如下：

```
// 5.1.1 声明指针变量
package main

import "fmt"

func main() {

    // 声明变量 x
    var x int = 100
    fmt.Printf("变量 x 的内存地址: %x\n", &x)              ①

    // 声明并初始化指针变量 ptr
    var ptr *int = &x                                      ②

    fmt.Printf("指针变量 ptr 的值是: %d\n", *ptr)          ③
}
```

上述代码第①行中表达式 &x 获取变量 x 的内存地址，其中“&”是取地址运算符。代码第②行声明并初始化指针变量 ptr，它保存了变量 x 的内存地址。代码第③行打印指针变量 ptr，访问指针变量需要使用 *ptr 表达式，即要在指针变量 ptr 前加上“*”。

上述代码执行结果如下：

```
变量 x 的内存地址:c000122058
指针变量 ptr 的值是:100
```

5.1.2　空指针

如果指针变量没有初始化，那么它所指向的内存地址为 0，表示变量没有分配内存空间，这就是空指针。

微课视频

示例代码如下：

```
// 5.1.2 空指针
```

```
package main

import "fmt"

func main() {

    var ptr * int
    fmt.Printf("指针 ptr 的值是：%x\n", ptr)
    // 判断 ptr 是否为空指针
    if ptr == nil {                          ①
       fmt.Println(" ptr 是空指针")
    }
}
```

上述代码第①行判断指针是否为空，其中 nil 是空指针值。

上述代码执行结果如下：

```
指针 ptr 的值是:0
ptr 是空指针
```

5.1.3 二级指针

二级指针就是指向指针的指针。如图 5-2 所示，变量 x 的内存地址是 0x61ff08；指针变量 ptr 保存变量 x 的内存地址，ptr 也会占用内存空间，也有自己的内存地址 0x61ff10；指针变量 pptr 保存了指针变量 ptr 的内存地址，pptr 是指向 ptr 指针的指针，即二级指针。

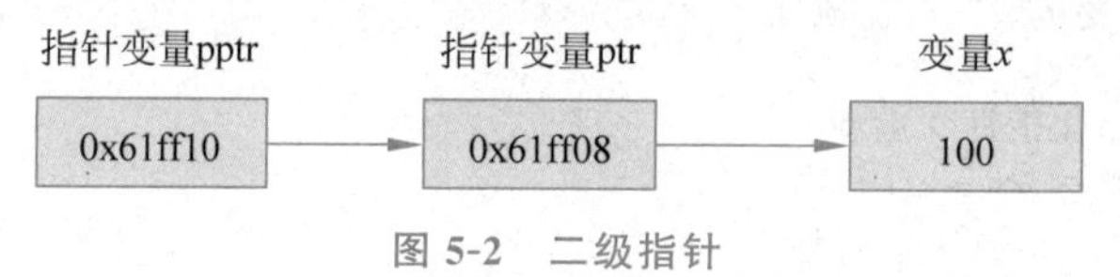

图 5-2 二级指针

示例代码如下：

```
// 5.1.3 二级指针
package main

import "fmt"

func main() {

    var x int             // 声明整数变量 x
    var ptr * int         // 声明指针变量
    var pptr ** int       // 声明二级指针变量            ①
    x = 300               // 初始化变量 x

    ptr = &x              // 获取变量 x 的内存地址
    pptr = &ptr           // 获取指针变量 ptr 的内存地址   ②

    fmt.Printf("x: %d\n", x)
    fmt.Printf(" * ptr = %d\n", * ptr)
```

```
    fmt.Printf("**pptr = %d\n", **pptr)              ③
}
```

上述代码第①行声明二级指针变量，用两个星号表示。代码第②行获取指针变量 ptr 的内存地址。代码第③行通过 ** pptr 参数访问指针变量的内容。

5.2 数组

数组(Array)具有如下特性：

(1) 一致性：数组只能保存相同数据类型的元素。

(2) 有序性：数组中的元素是有序的，通过下标访问。

(3) 不可变性：数组一旦初始化，则长度(数组中元素的个数)不可变。

5.2.1 声明数组

使用数组之前首先要声明数组，声明数组可以采用下面两种形式。

(1) 标准形式声明：采用 var 关键字声明，语法格式如下：

```
var 数组变量名 = [length]datatype{values}      // 指定数组长度
```

或

```
var 数组变量名 = [...]datatype{values}         // 数组长度根据元素个数推断出来
```

其中 length 是数组的长度；datatype 是数组中元素的数据类型；values 是数组中的元素列表，元素之间用逗号“,”分隔。

(2) 采用短变量形式声明：即使用“:=”符号声明，语法格式如下：

```
数组变量名 := [length]datatype{values}        // 指定数组长度
```

或

```
数组变量名 := [...]datatype{values}           // 数组长度根据元素个数推断出来
```

声明数组的示例代码如下：

```
// 5.2.1 声明数组
package main

import "fmt"

func main() {
	// 采用标准格式声明 3 个元素的 int 类型数组
	var arr1 = [3]int{1, 2, 3}

	// 采用标准格式声明 3 个元素的 float32 类型数组
	var arr3 = [...]float32{1.2, 2.6, 3.6}

	// 采用短变量形式声明 5 个元素的 int 类型数组
```

```
    arr2 := [5]int{4, 5, 6, 7, 8}
    // 采用短变量形式声明 5 个元素的 float32 类型数组
    arr4 := [...]float32{4, 5, 6.3, 7.6, 5.8}

    fmt.Printf("arr1 = %d\n", arr1)
    fmt.Printf("arr2 = %d\n", arr2)
    fmt.Printf("arr3 = %f\n", arr3)
    fmt.Printf("arr4 = %f\n", arr4)
}
```

上述代码执行结果如下：

```
arr1 = [1 2 3]
arr2 = [4 5 6 7 8]
arr3 = [1.200000 2.600000 3.600000]
arr4 = [4.000000 5.000000 6.300000 7.600000 5.800000]
```

5.2.2 访问数组元素

数组的下标是从 0 开始的，事实上，很多计算机语言的数组下标都是从 0 开始的。Go 语言中的数组下标访问运算符是中括号，如 intArray[0]表示访问 intArray 数组的第 1 个元素，其中 0 是第 1 个元素的下标。

访问数组元素示例代码如下：

```
// 5.2.2 访问数组元素
package main

import "fmt"

func main() {
    arr1 := [4]string{"沃尔沃", "宝马", "福特", "奔驰"}
    arr2 := [...]int{1, 2, 3, 4, 5, 6}

    fmt.Println(len(arr1))                                    ①
    fmt.Println(len(arr2))

    fmt.Println(arr1[0])                  // 打印第 1 个元素    ②
    fmt.Println(arr1[len(arr1) - 1])      // 打印最后一个元素

    // 声明循环变量
    var i, j int
    //声明 10 个元素 int 类型数组
    var n [10]int

    //遍历数组,设置数组元素
    for i = 0; i < 10; i++{
      n[i] = i + 100                      // 设置元素
    }
```

```
        //遍历数组,打印数组元素
        for j = 0; j < 10; j++{
           fmt.Printf("Element[ %d] =  %d\n", j, n[j])
        }
}
```

上述代码第①行中的len()函数可以获得数组的长度,代码第②行通过下标索引访问数组第1个元素。

上述代码执行结果如下：

```
4
6
沃尔沃
奔驰
Element[0] = 100
Element[1] = 101
Element[2] = 102
Element[3] = 103
Element[4] = 104
Element[5] = 105
Element[6] = 106
Element[7] = 107
Element[8] = 108
Element[9] = 109
```

5.3 切片

在实际编程时,数组使用得并不多,这主要是因为数组是不可变的,在实际编程时常常会使用可变数组数据获得数据——切片(Slice)。

5.3.1 声明切片

若要声明切片,可以将其声明为数组,只是无须指定其大小。也可使用make()函数创建切片,make()函数语法格式如下：

```
make([] T, len, cap)
```

其中,T是切片元素数据类型；len是切片的长度；cap是切片的容量,预先分配元素数量,该参数是可选的。

示例代码如下：

```
// 5.3.1 声明切片
package main

import "fmt"

func main() {
```

```
    // 声明字符串切片
    strSlice1 := []string{"沃尔沃", "宝马", "福特", "奔驰"}
    // 声明 int 类型切片
    intSlice1 := []int{1, 2, 3, 4, 5, 6}
    // 使用 make()函数创建 int 切片
    var intSlice2 = make([]int, 10)               ①
    // 使用 make()函数创建字符串切片
    var strSlice2 = make([]string, 10, 20)        ②

    fmt.Println(intSlice1)
    fmt.Println(intSlice2)
    fmt.Println(strSlice1)
    fmt.Println(strSlice2)

}
```

上述代码第①行使用 make()函数创建切片，切片的长度和容量相同。代码第②行也是通过 make()函数创建切片，切片的长度和容量不同，容量 20 表示预先分配 20 个元素的空间，而长度 10 表示只使用了 10 个元素。

上述代码执行结果如下：

```
[1 2 3 4 5 6]
[0 0 0 0 0 0 0 0 0 0]
[沃尔沃 宝马 福特 奔驰]
[]
```

微课视频

5.3.2 使用切片操作符

Go 语言提供了一种操作符，用于实现从切片中切分出小的子切片，这种操作符称为切片操作符。切片操作符不仅适用于切片，也适用于数组。切片操作符语法格式如下：

```
切片名[startIndex:endIndex]
```

注意 使用切片操作符切分出的子切片中的元素不包括 endIndex。如果省略 startIndex，则从 0 开始切片，如果省略 endIndex，则切分到切片最后一个元素。

示例代码如下：

```
// 5.3.2 使用切片操作符

package main

import "fmt"

func main() {
    // 声明 9 个元素的 int 数组
    numbers := []int{0, 1, 2, 3, 4, 5, 6, 7, 8}                ①
```

```
        // 打印原始切片 numbers
        fmt.Println("numbers == ", numbers)
        //切分出从索引 1 开始到索引 3 的子切片
        fmt.Println("numbers[1:4] == ", numbers[1:4])   // [1 2 3]

        //切分出从索引 0 开始到索引 2 的子切片
        fmt.Println("numbers[:3] == ", numbers[:3])     // [0 1 2]          ②

        //切分出从索引 4 开始到最后一个元素的子切片
        fmt.Println("numbers[4:] == ", numbers[4:])     //[4 5 6 7 8]

        // 声明字符串,字符串也是字符的切片
        a := "Hello"                                                        ③

        fmt.Println("a[4:] == ", a[4:])                 // o                ④
        fmt.Println("a[0:3] == ", a[0:3])               // Hel
        fmt.Println("a[0:5] == ", a[0:5])               // Hello
        fmt.Println("a[:] == ", a[:])                   // Hello

}
```

上述代码第①行声明一个 int 类型数组。

注意代码第②行是对 numbers 数组进行切片操作,其中的 startIndex 省略了,即从 0 开始切片。

代码第③行声明一个字符串变量 a,字符串本质上也是切片类型,所以也可以进行切片操作。

代码第④行 endIndex 省略了,即切分到切片最后一个元素。

上述代码执行结果如下:

```
numbers == [0 1 2 3 4 5 6 7 8]
numbers[1:4] == [1 2 3]
numbers[:3] == [0 1 2]
numbers[4:] == [4 5 6 7 8]
a[4:] == o
a[0:3] == Hel
a[0:5] == Hello
a[:] == Hello
```

5.3.3 添加切片元素

微课视频

添加切片元素需使用 append()函数,该函数的语法格式如下:

```
slice = append(slice, elem1, elem2, ...)
```

其中,第 1 个参数 slice 是要添加元素的切片,从第 2 个参数开始是要追加的元素。该函数返回值是追加完成后的切片。

示例代码如下:

```go
// 5.3.3 添加切片元素

package main

import "fmt"

func main() {
    // 创建一个空的 int 类型切片
    var slice []int                          ①
    // 打印切片
    printSlice(slice)

    //追加 1 个元素
    slice = append(slice, 0)                 ②
    printSlice(slice)
    //再次追加 1 个元素
    slice = append(slice, 1)                 ③
    printSlice(slice)
    //一次追加多个元素
    slice = append(slice, 2, 3, 4)           ④
    printSlice(slice)

    //声明切片
    slice2 := []int{10, 20, 30}
    //把 slice2 追加到 slice 后
    slice = append(slice, slice2...)         ⑤
    printSlice(slice)

}

// 自定义打印切片函数
func printSlice(s []int) {
    fmt.Printf("length= %d %d\n", len(s), s)
}
```

上述代码第①行创建一个空的切片，该切片是 int 类型；代码第②行和第③行追加 1 个元素；代码第④行追加多个元素；代码第⑤行把 slice2 追加到 slice 后，注意“...”表示对 slice 切片进行解包(即拆开切片)，然后再重新追加元素到切片 slice。

上述代码执行结果如下：

```
length= 0 []
length= 1 [0]
length= 2 [0 1]
length= 5 [0 1 2 3 4]
length= 8 [0 1 2 3 4 10 20 30]
```

5.4 映射

映射(Map)表示一种非常复杂的集合,允许按照某个键访问元素。映射是由两个集合构成的,一个是键(key)集合,另一个是值(value)集合。键集合不能有重复的元素,而值集合可以有重复的元素。映射中的键和值是成对出现的。

图 5-3 所示是 Map 类型的国家代号集合,其键是国家代号,不能重复。

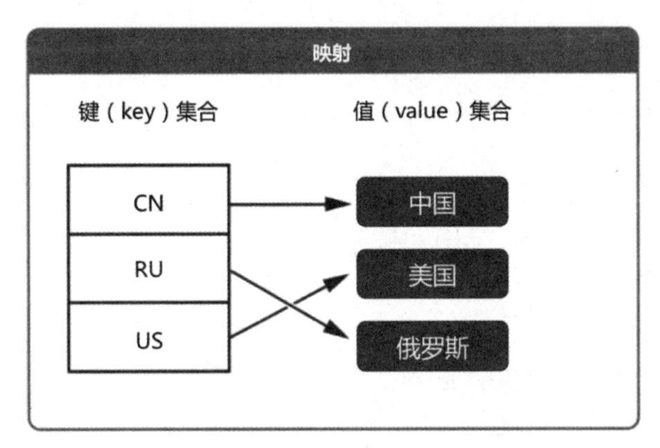

图 5-3　国家代号集合

> **提示**　映射适用于通过键快速访问值,就像查英文字典一样,键就是要查的英文单词,而值是英文单词的翻译和解释等。有时,一个英文单词会对应多个翻译和解释,这是与 Map 集合特性对应的。

5.4.1 声明映射

使用映射之前首先要声明映射,声明映射可以采用两种形式。

(1) 使用 map 关键字声明,语法格式如下:

```
var 映射变量名 = map[key_data_type]value_data_type{key:value...}
```

其中,key_data_type 是键的数据类型,value_data_type 是值的数据类型,key_data_type 和 value_data_type 之间可以有空格。{key: value...}是键-值对,放在大括号中,键-值对之间用逗号分隔。

(2) 使用 make()函数创建映射,语法格式如下:

```
映射变量名 = make(map[key_data_type]value_data_type)
```

其中,key_data_type 是键的数据类型,value_data_type 是值的数据类型。

示例代码如下:

```
// 5.4.1 声明映射
```

```
package main

import "fmt"

func main() {
	// 1.通过 map 关键字声明映射
	var countryCodeMap = map[string]string{"CN": "中国",                    ①
		"RU": "俄罗斯", "US": "美国", "JP": "日本"}

	fmt.Printf("%v\n", countryCodeMap)                                      ②

	// 2.通过 make()函数声明映射

	var classMap = make(map[int]string)                                     ③
	classMap[102] = "张三"                                                   ④
	classMap[105] = "李四"
	classMap[109] = "王五"
	classMap[110] = "董六"                                                   ⑤

	fmt.Printf("%v\n", classMap)

}
```

上述代码第①行通过 map 关键字声明映射变量 countryCodeMap，采用键-值对初始化，键和值之间用冒号分隔，键-值对之间用逗号分隔。

代码第②行打印映射变量 countryCodeMap，它的格式化转换符是%v，采用默认格式表示。

代码第③行通过 map()函数声明映射变量 classMap，它的键是 int 类型，值是字符串类型。

代码第④～⑤行添加键-值对。

上述代码执行结果如下：

```
map[CN:中国 JP:日本 RU:俄罗斯 US:俄罗斯]
map[102:张三 105:李四 109:王五 110:董六]
```

微课视频

5.4.2 访问映射元素

访问映射中的值是通过键实现的，键是放在中括号“[]”里的，语法格式如下：

```
value, result = 映射变量名[key]
```

其中，key 是要从映射里访问的键。表达式“映射变量名[key]”返回值有两个，第一个是通过 key 从映射中返回的值 value；第二个是返回值 result，表示是否有与键对应的值，如果没有，则 result 是 false，如果有，则 result 是 true。

示例代码如下：

```
// 5.4.2 访问映射元素

package main

import "fmt"

func main() {
	// 通过 map()函数声明映射

	var classMap = make(map[int]string)
	classMap[102] = "张三"
	classMap[105] = "李四"
	classMap[109] = "王五"
	classMap[110] = "董六"

	fmt.Printf("%v\n", classMap)

	name, ok := classMap[102]        ①

	if ok {
	  fmt.Printf("学号 102 是:%s\n", name)
	} else {
	  fmt.Println("学号 102 不存在!")
	}
}
```

上述代码第①行通过键 102 访问映射 classMap,其中 value 是要返回的值。

上述代码执行结果如下:

```
map[102:张三 105:李四 109:王五 110:董六]
学号 102 是:张三
```

5.4.3 删除元素

微课视频

删除元素可以通过 delete()函数实现,该函数按照键删除对应的值。

示例代码如下:

```
// 5.4.3 删除元素

package main

import "fmt"

func main() {
	// 通过 map()函数声明映射

	var classMap = make(map[int]string)
	classMap[102] = "张三"
	classMap[105] = "李四"
	classMap[109] = "王五"
```

```
        classMap[110] = "董六"

        fmt.Printf("修改前：%v%d\n", classMap, len(classMap))
        // 109 键已经存在,替换原值"王五"
        classMap[109] = "李四"
        fmt.Printf("修改后：%v%d\n", classMap, len(classMap))
        //删除键-值对
        fmt.Printf("删除前：%v%d\n", classMap, len(classMap))
        delete(classMap, 102)                                        ①
        fmt.Printf("删除后：%v%d\n", classMap, len(classMap))
}
```

上述代码第①行通过delete()函数删除102键-值对。注意,delete()函数的第一个参数是要删除的映射变量,第二个参数是要删除的键。

另外,len()函数可以获得映射的长度,即键-值对的个数。

微课视频

5.5 遍历容器

数组、切片和映射都属于容器数据,它们包含很多元素,因此遍历容器中的元素是常用的操作。Go语言提供了range关键字,它可以帮助迭代数组、切片、映射和通道(channel)等容器数据中的元素。

使用range关键字迭代不同类型的数据时,会返回不同的数据。下面根据不同的容器类型分别介绍。

(1) 数组、切片：返回两个值,其中第一个值是索引,第二个值是元素。

(2) 映射：返回两个值,其中第一个值是键,第二个值是值。

(3) 字符串：返回两个值,其中第一个值是索引,第二个值是字符。

示例代码如下：

```
// 5.5 遍历容器

package main

import "fmt"

func main() {
        // 声明数组
        odd := [7]int{1, 3, 5, 7, 9, 11, 13}

        fmt.Println("-----遍历数组 odd------")

        for i, item := range odd {                          ①

           // 打印索引和元素
           fmt.Printf("odd[%d] = %d \n", i, item)
        }
```

```
        var str1 = "Hello world."
        fmt.Println("----- 遍历字符串 str1 ------")
        for i, item := range str1 {                    ②
            fmt.Printf("str1[%d] = %c \n", i, item)
        }

        var classMap = make(map[int]string)
        classMap[102] = "张三"
        classMap[105] = "李四"
        classMap[109] = "王五"
        classMap[110] = "董六"

        fmt.Println("----- 遍历映射 classMap ------")

        for k, v := range classMap {                   ③
            fmt.Printf("%v->%v\n", k, v)
        }
}
```

上述代码第①行遍历数组 odd，其中返回的 i 是元素的索引，item 是数组中的元素。代码第②行遍历字符串，因为字符串底层也是切片，所以也可以使用 range 关键字进行遍历。代码第③行遍历映射，其中第一个返回值 k 是键，第二个返回值 v 是值。

上述代码执行结果如下：

```
----- 遍历数组 odd ------
odd[0] = 1
odd[1] = 3
odd[2] = 5
odd[3] = 7
odd[4] = 9
odd[5] = 11
odd[6] = 13
----- 遍历字符串 str1 ------
str1[0] = H
str1[1] = e
str1[2] = l
str1[3] = l
str1[4] = o
str1[5] =
str1[6] = w
str1[7] = o
str1[8] = r
str1[9] = l
str1[10] = d
str1[11] = .
----- 遍历映射 classMap ------
102->张三
105->李四
109->王五
110->董六
```

5.6 动手练一练

1. 选择题

(1) array1 [10]float64 的元素类型是(　　)。

A. int　　B. string　　C. float32　　D. float64

(2) 数组声明为 var array1[20]float32,则其元素索引的最大值是(　　)。

A. 19　　B. 20　　C. 21　　D. 22

(3) 函数 make()可以用来创建(　　)数据类型实例。

A. 数组　　B. 切片　　C. 字符串　　D. 以上都可以

2. 判断题

(1) 可以用关键字 range 遍历映射,它返回两个值,其中第一个值是键,第二个值是值。(　　)

(2) 可以用关键字 range 遍历数组和切片,它返回两个值,其中第一个值是索引,第二个值是元素。(　　)

第6章

条件语句

条件语句能够使计算机程序具有"判断能力",像人类的大脑一样分析问题,使程序根据某些表达式的值有选择地执行。Go语言提供了两种条件语句:if语句和switch语句。

6.1 if语句

由if语句引导的选择结构有if结构、if-else结构和if-else-if结构3种。

6.1.1 if结构

if结构流程如图6-1所示,首先测试条件表达式,如果为true,则执行语句组(包含一条或多条语句的代码块),否则执行if语句结构后面的语句。

if结构语法格式如下:

```
if 条件表达式 {
    语句组
}
```

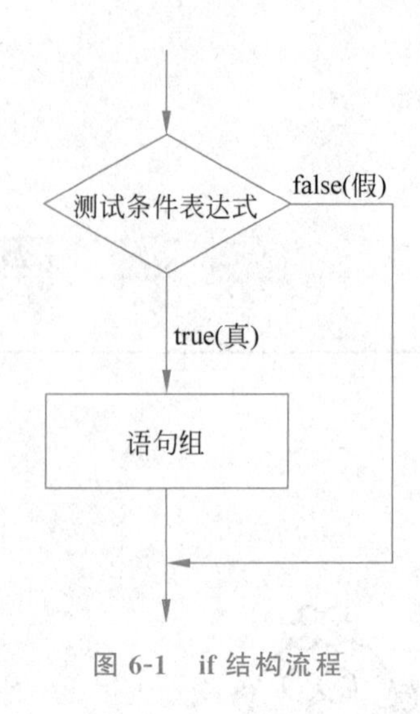

图 6-1 if 结构流程

注意 if 语句的左大括号"{"必须与 if 在同一行，否则将发生"unexpected newline, expecting { after if clause"编译错误。另外，当语句组中只有一条语句时，大括号也不能省略。

if 结构示例代码如下：

```
// 6.1.1 if 结构
package main

import "fmt"

func main() {
    fmt.Println("请输入一个整数:")
    var score int
    // 从键盘读取字符串并转换为 int 类型数据
    fmt.Scan(&score)                                          ①

    if score >=  85 {

        fmt.Println("你真优秀!")
    }

    if (score >=  60) && (score < 85) {
        fmt.Println("你的成绩还可以,仍需继续努力!")
    }
}
```

上述代码第①行使用 Scan()函数从键盘读取数据到 score 变量中，Scan()函数的参数接收变量 score 地址，程序运行到此处会挂起并等待用户输入，如果在命令提示符中输入一个整数并按 Enter 键，程序将继续执行，如图 6-2 所示。

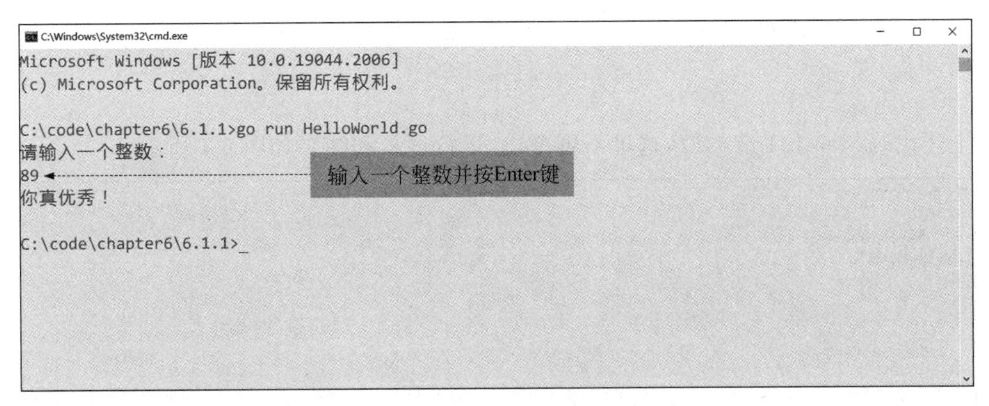

图 6-2 if 结构示例运行过程和结果

在其他 IDE 工具中执行代码，过程和结果也是类似的，这里不再赘述。

6.1.2 if-else 结构

if-else 结构流程如图 6-3 所示，首先测试条件表达式，如果为 true，则执行语句组 1；如果为 false，则执行语句组 2，然后继续执行后面的语句。

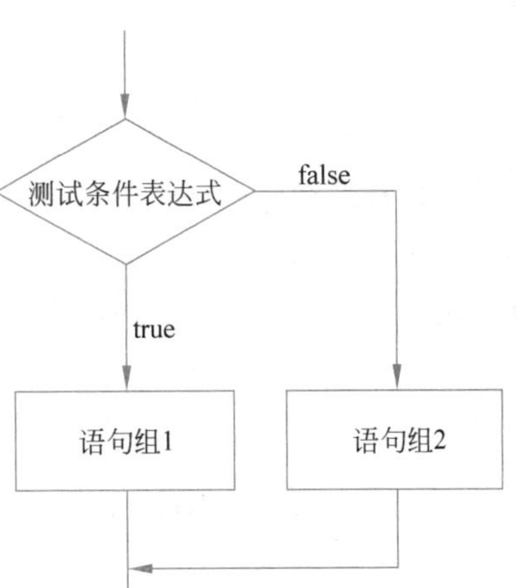

图 6-3 if-else 结构流程

if-else 结构语法格式如下：

```
if 条件表达式 {
   语句组 1
} else {
   语句组 2
}
```

if-else 结构示例代码如下：

```
// 6.1.2 if - else 结构
package main

import "fmt"

func main() {
    fmt.Println("请输入一个整数:")
    var score int
    // 从键盘读取字符串并转换为 int 类型数据
    fmt.Scan(&score)

    if score < 60 {

        fmt.Println("不及格")
    } else {
```

```
        fmt.Println("及格")
    }
}
```

上述代码与 6.1.1 节类似，这里不再赘述，运行过程和结果如图 6-4 所示。

```
C:\Windows\System32\cmd.exe

C:\code\chapter6\6.1.2>go run HelloWorld.go
请输入一个整数：
89
及格

C:\code\chapter6\6.1.2>_
```

图 6-4　if-else 结构示例运行过程和结果

6.1.3　if-else-if 结构

如果有多个分支，则可以使用 if-else-if 结构，其流程如图 6-5 所示。if-else-if 结构实际上是 if-else 结构的多层嵌套，其明显特点就是在多个语句组中只执行一个，其他都不执行，所以这种结构可以用于有多种判断结果的分支中。

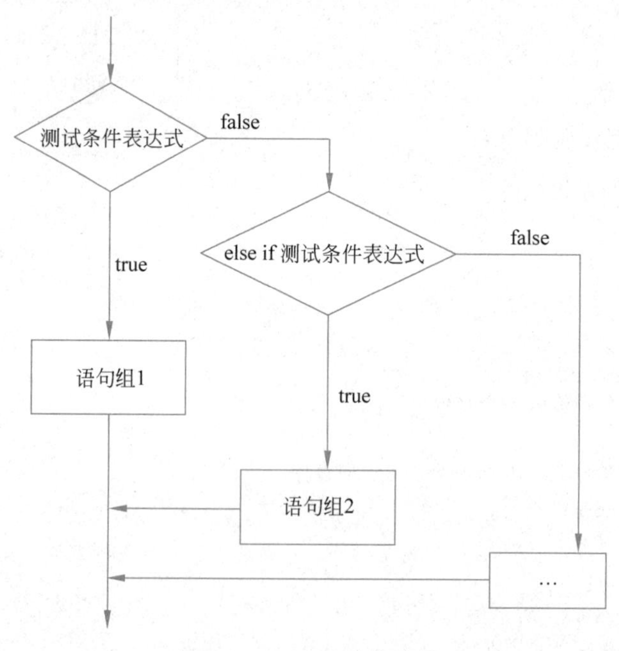

图 6-5　if-else-if 结构流程

if-else-if 结构语法格式如下：

```
if 条件表达式 1 {
    语句组 1
} else if 条件表达式 2 {
    语句组 2
} else if 条件表达式 3 {
    语句组 3
...
} else if 条件表达式 n {
    语句组 n
} else {
    语句组 n + 1
}
```

if-else-if 结构示例代码如下：

```
// 6.1.3 if - else - if 结构
package main

import "fmt"

func main() {
        fmt.Println("请输入一个整数:")
        var score int
        // 从键盘读取字符串并转换为 int 类型数据
        fmt.Scan(&score)

        var grade string

        if score >= 90 {
          grade = "A"
        } else if score >= 80 {
          grade = "B"
        } else if score >= 70 {
          grade = "C"
        } else if score >= 60 {
          grade = "D"
        } else {
          grade = "F"
        }

        fmt.Printf("分数等级: %s\n", grade)
}
```

上述代码与 6.1.1 节类似，这里不再赘述，运行过程和结果如图 6-6 所示。

```
C:\Windows\System32\cmd.exe
Microsoft Windows [版本 10.0.19044.2006]
(c) Microsoft Corporation。保留所有权利。

C:\code\chapter6\6.1.3>go run HelloWorld.go
请输入一个整数：
89
分数等级：B

C:\code\chapter6\6.1.3>_
```

图 6-6　if-else-if 结构示例运行过程和结果

6.2　switch 语句

如果分支有很多，那么 if-else-if 结构使用起来将很麻烦。这时可以使用 switch 语句，它提供多分支程序结构语句。

Go 语言中，switch 语句比 C 语言和 Java 语言中的 switch 语句简单，其基本形式的语法格式如下：

```
switch 表达式 {
    case 值 1:
         语句组 1
    case 值 2:
         语句组 2
    case 值 3:
         语句组 3
         ...
    case 判断值 n:
         语句组 n
    default:
         语句组 n + 1
}
```

使用 switch 语句应注意以下问题：

(1) switch 语句中“表达式”计算结果主要是布尔类型和整数类型。

(2) “表达式”必须与 case 语句的值具有相同的数据类型。

(3) 默认情况下，全部 case 语句组执行结束后，switch 语句也将结束。

(4) default 语句应位于 switch 语句末尾，可以省略。

switch 语句基本用法示例代码如下：

```
// 6.2 switch 语句
// 基本用法示例
package main
```

```
import "fmt"

func main() {
    fmt.Println("请输入≤100 的一个整数:")
    var score int
    // 从键盘读取字符串并转换为 int 类型数据
    fmt.Scan(&score)
    var grade string

    switch score / 10 {
    case 10:
        grade = "A++"
    case 9:
        grade = "A+"
    case 8:
        grade = "B"
    case 7:
        grade = "C"

    case 6:
        grade = "D"
    default:
        grade = "F"
    }
    fmt.Printf("分数等级: %s\n", grade)
}
```

上述代码运行过程和结果如图 6-7 所示。

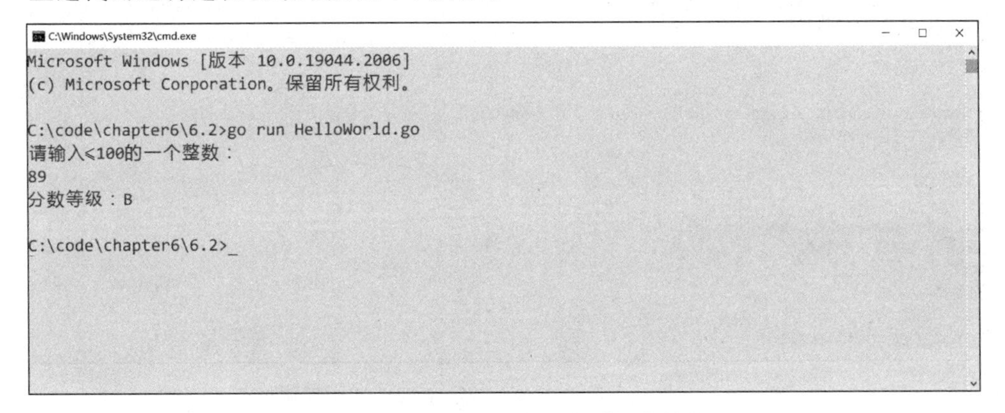

图 6-7 switch 语句示例运行过程和结果

6.2.1 一个 case 语句有多个值

有时一个 case 语句可以对应多个值，示例代码如下：

```
// 6.2.1 一个 case 语句有多个值
```

```
package main

import "fmt"

func main() {
    fmt.Println("请输入≤100 的一个整数:")
    var score int
    // 从键盘读取字符串并转换为 int 类型数据
    fmt.Scan(&score)
    var grade string

    switch score / 10 {
    case 10, 9:                                    ①
        grade = "A"
    case 8:
        grade = "B"
    case 7, 6:                                     ②
        grade = "C"
    default:
        grade = "F"
    }
    fmt.Printf("分数等级: % s\n", grade)
}
```

上述代码第①行的 case 语句有 10 和 9 两个值；代码第②行的 case 语句也有两个值，分别是 7 和 6。上述示例运行过程和结果如图 6-8 所示。

```
C:\Windows\System32\cmd.exe

C:\code\chapter6\6.2.1>go run HelloWorld.go
请输入≤100的一个整数：
100
分数等级：A

C:\code\chapter6\6.2.1>go run HelloWorld.go
请输入≤100的一个整数：
98
分数等级：A

C:\code\chapter6\6.2.1>go run HelloWorld.go
请输入≤100的一个整数：
89
分数等级：B

C:\code\chapter6\6.2.1>_
```

图 6-8　一个 case 语句有多个值的示例运行过程和结果

6.2.2　使用 fallthrough 关键字贯穿 case 语句

Go 语言中的 switch 语句中，任意一个 case 分支的代码块执行完成后，就会结束 switch 语句。如果想在一个 case 语句执行完成后，不结束 switch 语句，而是进入下一个 case 语句，那么可以使用 fallthrough 关键字实现。fallthrough 关键字会强制执行后面的 case 语句，不会判断是否与下一条 case 语句的值匹配。

使用 fallthrough 关键字贯穿 case 语句示例代码如下：

```
// 6.2.2 使用 fallthrough 关键字贯穿 case 语句
package main

import "fmt"

func main() {
    fmt.Println("请输入 0～3 的整数:")
    var varseason int
    // 从键盘读取季节
    fmt.Scan(&varseason)
    switch varseason {
    // 如果是春节
    case 0:
        fmt.Println("多出去转转。")
         // 如果是夏天
    case 1:
        fmt.Println("钓鱼游泳。")
        fallthrough                         ①
    case 2:   // 如果是秋天
        fmt.Println("秋收了。")

    default:
        fmt.Println("在家待着。")
    }
}
```

上述代码第①行使用了 fallthrough 关键字，这样当 case 1 语句结束后就不会结束 switch 语句，而是转到下一个 case 语句，如图 6-9 所示。

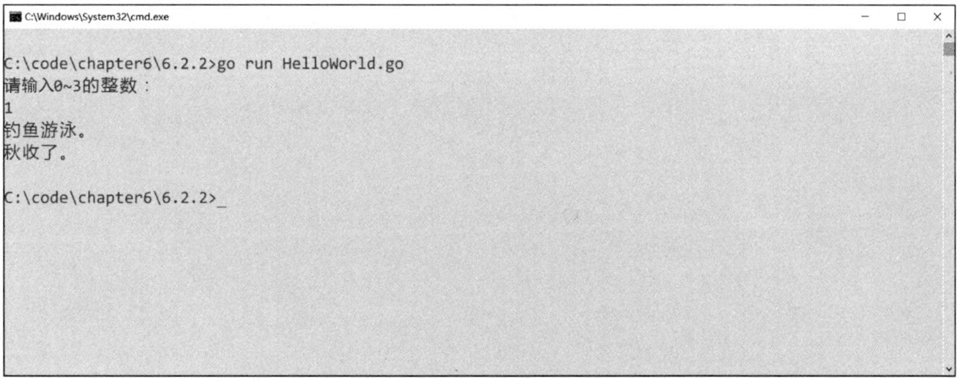

```
C:\Windows\System32\cmd.exe

C:\code\chapter6\6.2.2>go run HelloWorld.go
请输入0~3的整数：
1
钓鱼游泳。
秋收了。

C:\code\chapter6\6.2.2>_
```

图 6-9　示例运行过程和结果

6.3 动手练一练

1. 选择题

(1) switch 语句中"表达式"的计算结果是如下哪些类型？(　　)

A. int8　　B. float64　　C. bool　　D. uint8

(2) 下列有关 switch 多分支语句的说法正确的是(　　)。

A. "表达式"必须与 case 语句的值具有相同的数据类型

B. 默认情况下，任意一个 case 语句组执行结束后，switch 语句将结束

C. switch 语句中，每一个 case 语句后面都必须加上 break 语句

D. switch 语句可以替代 if 语句

2. 判断题

(1) if 语句中的左大括号"{"必须与 if 在同一行，否则将发生"unexpected newline, expecting { after if clause"编译错误。(　　)

(2) 当 if 语句组只有一条语句时，大括号可以省略。(　　)

第 7 章

循环语句及跳转语句

循环语句能够使程序代码重复执行。Go 语言只支持 for 循环语句，不支持 while 循环语句和 do-while 循环语句。在循环语句中可以使用跳转语句改变程序的执行顺序，实现程序的跳转。

7.1 for 循环语句

Go 语言中的 for 循环语句可以有多种灵活的形式。

7.1.1 基本形式的 for 循环语句

基本形式的 for 循环语句类似于 C、Java 和 C# 中的 for 循环语句，语法格式如下：

```
for 初始化; 循环条件; 迭代 {
    语句组
}
```

for 循环语句执行流程如图 7-1 所示。首先会执行初始化语句，作用是初始化循环变量

（也称迭代变量）和其他变量；然后程序会判断循环条件是否满足，如果满足，则继续执行循环体中的语句组；执行完成后计算迭代语句，之后再判断循环条件。如此反复，直到判断循环条件不满足时跳出循环。

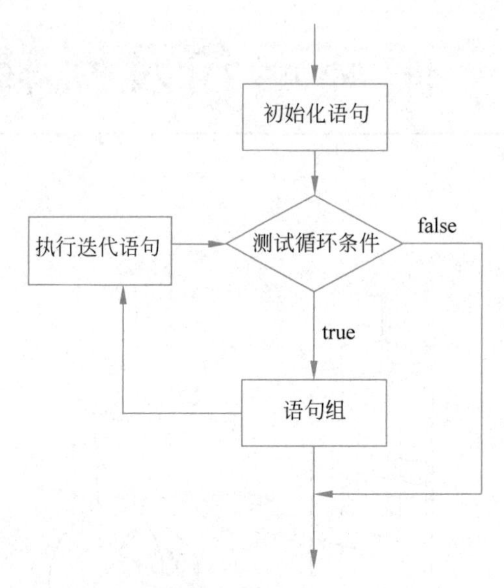

图 7-1 for 循环语句执行流程

以下示例代码是计算 1～9 的平方表程序。

```
// 7.1.1 基本形式的 for 循环语句
package main

import "fmt"

func main() {
    fmt.Println("----------------")

    for i := 1; i < 10; i++{                    ①
        fmt.Printf("%d x %d = %d", i, i, i * i)
        //打印一个换行符,实现换行
        fmt.Print("\n")
    }
}
```

上述代码第①行是 for 循环语句，在该循环语句的初始化语句中，给循环变量 i 赋值为 1，每次循环都要判断 i 的值是否小于 10，如果为 true，则执行循环体，然后给 i 加 1。因此，最后的结果是打印出 1～9（不包括 10）的平方。

注意 for 循环语句的左大括号"{"必须与 for 循环语句在同一行。

上述代码运行结果如下：

```
----------------
1 x 1 = 1
2 x 2 = 4
3 x 3 = 9
4 x 4 = 16
5 x 5 = 25
6 x 6 = 36
7 x 7 = 49
8 x 8 = 64
9 x 9 = 81
```

7.1.2 简化的 for 循环语句

for 循环语句中的初始化语句、循环条件及迭代语句事实上都可以“省略”。

1. “省略”初始化语句和迭代语句

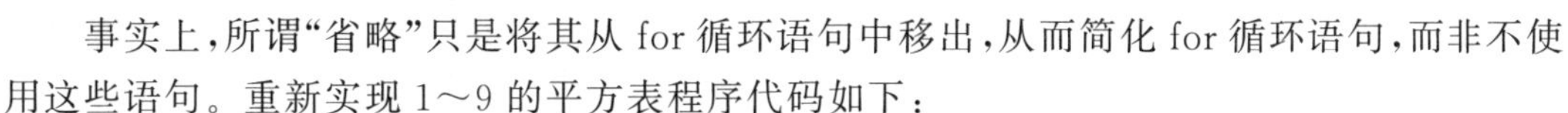

事实上，所谓“省略”只是将其从 for 循环语句中移出，从而简化 for 循环语句，而非不使用这些语句。重新实现 1～9 的平方表程序代码如下：

```
// 7.1.2 简化的 for 循环语句
// 1.“省略”初始化语句和迭代语句

package main

import "fmt"

func main() {
    fmt.Println("----------------")
    i := 1                  // 初始化语句置于 for 循环语句之前              ①
    for i < 10 {
        fmt.Printf("%d x %d = %d", i, i, i*i)
        //打印一个换行符,实现换行
        fmt.Print("\n")
        i++                 // 迭代语句置于循环体中                        ②
    }
}
```

上述代码第①行是初始化语句，它被从 for 循环语句中拿出来置于 for 循环语句之前，这样就简化了 for 循环语句。代码第②行 for 循环语句中的迭代语句被置于循环体中。上述代码的执行过程，这里不再赘述。

2. 省略条件部分

虽然可以在 for 循环语句中省略条件部分，但是循环体中一定要有循环终止语句，否则会发生死循环。

示例代码如下：

```
// 7.1.2 简化的 for 循环语句
// 2.省略条件部分
```

```
package main

import "fmt"

func main() {
    fmt.Println("----------------")
    i := 1                      // 初始化语句置于 for 循环语句之前
    for {
        fmt.Printf("%d x %d = %d", i, i, i*i)
        //打印一个换行符,实现换行
        fmt.Print("\n")
        i++                     // 迭代语句置于循环体中

        if i == 10 {            // 满足条件,终止循环
           break                //该语句会终止循环       ①
        }
    }
}
```

上述代码第①行在满足条件的情况下，使用 break 语句终止循环，与在 for 循环语句中使用条件语句 i<10 效果一样。有关 break 语句将在 7.2 节详细介绍。

7.2 跳转语句

跳转语句能够改变程序的执行顺序，实现程序的跳转。在循环语句中主要使用 break 语句和 continue 语句；另外还可以使用 goto 语句，但不推荐。

微课视频

7.2.1 break 语句

break 语句可用于 for 循环结构，它的作用是强行退出循环体，不再执行循环体中剩余的语句。

break 语句示例代码如下：

```
// 7.2.1 break 语句

package main

import "fmt"

func main() {

      numbers := []int{1, 2, 3, 4, 5, 6, 7, 8, 9, 10}

      // 采用 for 循环语句遍历
      for i, item := range numbers {

         if i == 3 {
```

```
            //跳出循环
            break
        }
        fmt.Printf("索引: %d %v\n", i, item)
    }
}
```

运行结果如下：

```
索引:0  1
索引:1  2
索引:2  3
索引:3  4
```

在上述程序代码中，当条件 i==3 满足时，将执行 break 语句，终止循环。

7.2.2 使用标签的 break 语句

break 语句还可以配合标签使用，使用标签的 break 语句可使程序跳出标签所指向的循环体，语法格式如下：

```
break label
```

其中，label 是标签名，标签的命名应该遵守 Go 语言标识符命名规范。

使用标签的 break 语句示例代码如下：

```
// 7.2.2 使用标签的 break 语句

package main

import "fmt"

func main() {

OuterLoop:                                   ①
    for x := 0; x < 5; x++{
        for y := 5; y > 0; y-- {

            if y == x {
                //跳转到 OuterLoop 标签指向的循环体
                break OuterLoop              ②
            }
            fmt.Printf("(x,y) = (%d, %d)\n", x, y)
        }
    }
    fmt.Println("Game Over!")
}
```

上述代码中用到了两个 for 循环嵌套语句，其中代码第①行的 for 循环语句是外循环语句，为其设置名为 OuterLoop 的标签。注意，在定义标签时后面跟一个冒号。代码第②行跳转到 OuterLoop 标签所指定的 for 循环语句。

运行结果如下：

```
(x,y) = (0,5)
(x,y) = (0,4)
(x,y) = (0,3)
(x,y) = (0,2)
(x,y) = (0,1)
(x,y) = (1,5)
(x,y) = (1,4)
(x,y) = (1,3)
(x,y) = (1,2)
Game Over!
```

如果 break 后面没有指定外循环标签，则运行结果如下：

```
(x,y) = (0,5)
(x,y) = (0,4)
(x,y) = (0,3)
(x,y) = (0,2)
(x,y) = (0,1)
(x,y) = (1,5)
(x,y) = (1,4)
(x,y) = (1,3)
(x,y) = (1,2)
(x,y) = (2,5)
(x,y) = (2,4)
(x,y) = (2,3)
(x,y) = (3,5)
(x,y) = (3,4)
(x,y) = (4,5)
Game Over!
```

比较两种运行结果，就会发现给 break 添加标签的意义。添加标签对于多层嵌套循环是很有必要的，适当使用可以提高程序的运行效率。

微课视频

7.2.3 continue 语句

continue 语句用来结束本次循环，跳过循环体中尚未执行的语句，接着进行终止条件的判断，以决定是否继续循环。对于 for 循环语句，在进行终止条件的判断前，还要先执行迭代语句。

continue 语句示例代码如下：

```go
// 7.2.3 continue 语句
package main

import "fmt"

func main() {
	numbers := []int{1, 2, 3, 4, 5, 6, 7, 8, 9, 10}
```

```
        // 采用 for 循环语句遍历
        for i, item := range numbers {
            if i == 3 {
                //执行下一次循环
                continue
            }
            fmt.Printf("索引: %d %v\n", i, item)
        }
}
```

在上述程序代码中，当条件 i==3 时执行 continue 语句，continue 语句会终止本次循环，循环体中 continue 之后的语句将不再执行，接着进行下次循环，所以输出结果中没有索引为 3 时的数据。

上述代码运行结果如下：

```
索引:0 1
索引:1 2
索引:2 3
索引:4 5
索引:5 6
索引:6 7
索引:7 8
索引:8 9
索引:9 10
```

7.2.4　使用标签的 continue 语句

continue 语句也可以使用标签，语法格式如下：

```
continue label
```

其中，label 是标签名。使用标签的 continue 示例代码如下：

```
// 7.2.4 使用标签的 continue 语句

package main

import "fmt"

func main() {

OuterLoop:                                                    ①
        for x := 0; x < 5; x++{
            for y := 5; y > 0; y-- {

                if y == x {
                    //跳转到 OuterLoop 指向的循环体
                    continue OuterLoop                        ②
                }
                fmt.Printf("(x,y) = (%d, %d)\n", x, y)
```

```
        }
    }
    fmt.Println("Game Over!")
}
```

默认情况下，continue语句只会跳出最近的内循环。如果要跳出外循环，可以为外循环添加一个标签OuterLoop，然后在continue语句后面指定这个标签OuterLoop，这样，当条件满足时执行continue语句，程序就会跳转出外循环。

上述代码运行结果如下：

```
(x,y) = (0,5)
(x,y) = (0,4)
(x,y) = (0,3)
(x,y) = (0,2)
(x,y) = (0,1)
(x,y) = (1,5)
(x,y) = (1,4)
(x,y) = (1,3)
(x,y) = (1,2)
(x,y) = (2,5)
(x,y) = (2,4)
(x,y) = (2,3)
(x,y) = (3,5)
(x,y) = (3,4)
(x,y) = (4,5)
Game Over!
```

从运行结果可见，x==y的情况下没有输出。

微课视频

7.2.5 goto语句

goto语句是无条件跳转语句，使用goto语句可跳转到标签所指向的代码行。

goto语句语法格式如下：

```
goto label
```

其中，label是标签名。

goto语句示例代码如下：

```
// 7.2.5 goto语句
package main

import "fmt"

func main() {
    numbers := []int{1, 2, 3, 4, 5, 6, 7, 8, 9, 10}

    for idx, item := range numbers {
        if idx == 3 {
            goto lable1                          ①
```

```
        }
        fmt.Printf("索引: %d -> %v\n", idx, item)
    }
lable1:                                              ②
    fmt.Println("Game Orver!")
}
```

上述代码第①行在条件满足时跳转到 goto 语句所指向的标签 label，即代码第②行。代码运行结果如下：

```
索引:0 ->1
索引:1 ->2
索引:2 ->3
Game Over!
```

由于 goto 语句使得程序的控制流难以跟踪，如果 goto 语句使用得不当，可能会导致程序出现错误，所以推荐使用 break 语句和 continue 语句，不推荐使用 goto 语句。

7.3 动手练一练

1. 选择题

(1) 能使循环语句跳出循环体的语句是(　　)。

A. for 语句　　B. break 语句　　C. while 语句　　D. continue 语句

(2) 下列语句执行后，x 的值是(　　)。

```
var a, b, x = 3, 4, 5
if a < b {
    a++
    x++
}
```

A. 5　　B. 3　　C. 4　　D. 6

(3) 以下 Java 代码编译运行后，下列选项中(　　)会出现在输出结果中。

```
func main() {
    for i := 0; i < 3; i++{
        for j := 0; j < 3; j++{
            if i == j {
                continue
            }
            fmt.Printf("i = %d,j = %d\n", i, j)
        }
    }
}
```

A. i = 0 j = 3　　B. i = 0 j = 0　　C. i = 2 j = 2　　D. i = 0 j = 2

E. i = 0 j = 1

2. 判断题

(1) for 语句的左大括号"{"必须与 for 语句在同一行，否则将发生"unexpected newline, expecting { after for clause"编译错误。 (　　)

(2) 当 for 语句组中只有一条语句时，大括号可以省略。 (　　)

3. 编程题

编写程序，输出 1～100 的所有素数。

第8章 函 数

程序中反复执行的代码可以封装到一个代码块中，这个代码块称为函数，具有函数名、参数和返回值。按照提供者不同，函数分为：

(1) 内置函数：由 Go 官方提供，如 len()、append()等。

(2) 用户自定义函数：由用户提供。

内置函数将在后续用到时详细介绍，本章只介绍用户自定义函数。

8.1 用户自定义函数

微课视频

用户自定义函数的语法格式如下：

```
func 函数名(形式参数列表)(返回值类型列表) {
    函数体
}
```

其中，形式参数列表描述函数的参数名及参数类型，这些参数作为局部变量，其值由参数调用者提供；返回值列表描述函数返回值的变量名及类型，如果函数返回一个无名变量或没有返回值，则返回值类型列表可以省略。

用户自定义函数示例代码如下：

```
// 8.1 用户自定义函数
package main

import "fmt"

// 定义该函数是一个问候函数，参数 name 是人名
func greet(name string) string {                                    ①
      msg := "嗨! " + name + "早上好!"
      return msg
}

func main() {

      // 调用函数
      fmt.Println(greet("刘备"))          // 调用函数                ②
      fmt.Println(greet("诸葛亮"))        // 调用函数                ③
      fmt.Println(greet("Game Over."))
}
```

上述代码第①行定义 greet()函数，该函数有一个参数 name，它是字符串类型，函数的返回值也是字符串类型。代码第②行和第③行调用 greet()函数。

上述代码执行结果如下：

```
嗨! 刘备早上好!
嗨! 诸葛亮早上好!
嗨! Game Over.早上好!
```

8.2 函数返回值

函数返回值可以是单一值，也可以是多个值。

8.2.1 返回单一值

在其他编程语言中，函数通常会返回单一值。Go 语言的函数也可以返回单一值，这与其他编程语言的函数是类似的。

返回单一值的示例代码如下：

```
// 8.2.1 返回单一值
package main

import "fmt"

// 自定义计算矩形面积的函数
func area(width int, height int) int {                              ①
```

```
        ar := width * height
        return ar
}

func main() {

        // 声明变量
        var height, width int = 480, 320

        // 调用函数
        ractArea := area(height, width)
        fmt.Printf("%dx%d 的矩形的面积:%d\n", height, width, ractArea)
}
```

上述代码第①行自定义计算矩形面积的函数 area(),它有两个 int 类型的参数,分别是矩形的宽和高。width 和 height 是参数名。函数的返回值类型是 int 类型。

上述代码执行结果如下:

```
320x480 的矩形的面积:153600
```

提示 如果相邻的参数类型相同,则不必声明每一个参数的类型,见如下代码。

```
// 自定义计算矩形面积的函数
func area(width, height int) int {   // 省略参数类型声明
        ar := width * height
        return ar
}
```

8.2.2 返回多个值

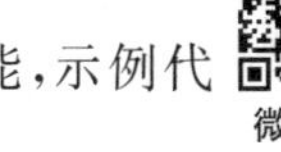
微课视频

Go 语言中的函数可以返回多个值,这在许多实际场景中都是一个有用的功能,示例代码如下:

```
// 8.2.2 返回多个值
package main

import "fmt"

// 自定义计算矩形面积和周长的函数
func CalcRect(width, height int) (int, int) {                    ①
       // 计算矩形面积
       area := width * height
       // 计算矩形周长
       perimeter := 2 * (width + height)
       return area, perimeter                                    ②
}

func main() {
```

```
    // 声明变量
    var height, width int = 480, 320

    // 调用函数
    ar1, pr1 := CalcRect(height, width)                          ③
    fmt.Printf("%dx%d的矩形的面积:%d,周长:%d\n", width, height, ar1, pr1)

    // 不关心的返回值使用下画线"_"代替,表示忽略
    _, pr2 := CalcRect(height, width)                            ④
    fmt.Printf("%dx%d的矩形的周长:%d\n", width,
      height, pr2)

    // 不关心的返回值使用下画线"_"代替,表示忽略
    ar3, _ := CalcRect(height, width)                            ⑤
    fmt.Printf("%dx%d的矩形的面积:%d\n", width, height, ar3)
}
```

上述代码第①行是自定义计算矩形面积和周长的函数，其中返回值类型列表(int,int)说明返回两个int类型数据。代码第②行是两个返回值，之间用逗号“,”分隔。

代码第③行、第④行和第⑤行都是调用CalcRect()函数，该函数返回值有两个，但如果有些值不关心，则可以使用下画线“_”代替变量，表示忽略，见代码第④行和第⑤行所示。

上述代码执行结果如下：

```
320x480 的矩形的面积:153600,周长:1600
320x480 的矩形的周长:1600
320x480 的矩形的面积:153600
```

微课视频

8.2.3 命名函数返回值

Go语言支持为返回值命名，这样返回值就和参数一样拥有参数变量名和类型。命名函数返回值示例代码如下：

```
// 8.2.3 命名函数返回值
package main

import "fmt"

// 自定义计算矩形面积的函数
func CalcRectArea(width, height int) (area int) {    // 函数返回值命名为 area        ①
      ar := width * height
      //给返回值变量赋值
      area = ar                                                                   ②
      return                                         // 不返回任何数据类型
}

func main() {

      // 声明变量
      var height, width int = 480, 320
```

```
        // 调用函数
        ractArea := CalcRectArea(height, width)
        fmt.Printf("%dx%d 的矩形的面积：%d\n",
          width,
          height,
          ractArea)

}
```

上述代码第①行在定义函数时，将函数返回值命名为 area，代码第②行为返回值变量 area 赋值，这样就可以返回数据了。

上述代码执行结果如下：

```
320x480 的矩形的面积: 153600
```

8.3　可变参数函数

微课视频

可变参数函数是指接收可变数量参数的函数。定义可变参数函数时，需要在最后一个参数的数据类型前面添加省略号“...”。

可变参数函数示例代码如下：

```
// 8.3 可变参数函数
package main

import "fmt"

// 定义求和的可变参数函数
func sum(numbers ...int) int {                              ①
        total := 0
        for _, number := range numbers {
           total += number
        }
        return total
}

func main() {
        // 调用函数
        fmt.Println(sum(1, 2, 3, 4, 5, 6, 7, 8, 9, 10))  ②
}
```

上述代码第①行声明一个可变参数函数，注意它的参数是 numbers，数据类型是 int。因为是可变参数，所以需要在类型前加上省略号“...”。这种可变数量的参数 numbers 可以看作一个数组，所以在 for 循环中遍历 numbers 进行求和操作。

代码第②行调用 sum()函数，注意，其传递的实参是不定数量的 int 类型数据。

提示　形参和实参的示例如图 8-1 所示。形参即形式参数，是在定义函数时指定的参数名；实参即实际参数，是在调用函数时传递给函数的数据。

函数的形式参数，简称形参

```
func greet(name string) string {   ←------定义函数
    msg := "嗨！ " + name + "早上好！"
    return msg
}

greet("刘备") ←------调用函数
```

函数的实际参数简称实参

图 8-1　形参和实参

微课视频

8.4　函数式编程

函数式编程(functional programming)是一种编程典范，也就是面向函数的编程。在函数式编程中，一切都是函数。

函数式编程核心概念如下：

(1) 函数是"一等公民"：是指函数与其他数据类型处于平等地位。函数可以作为其他函数的参数传入，也可以作为其他函数的返回值返回。

(2) 高阶函数：所谓高阶函数就是一个函数可以作为另外一个函数的参数或返回值。函数式编程支持高阶函数。

(3) 无副作用：是指函数执行过程中会返回一个结果，不会修改外部变量，是"纯函数"，使用同样的输入参数一定会有同样的输出结果。

微课视频

8.4.1　匿名函数

之前定义的函数都是有名称的。如果函数没有名称，则称为匿名函数，也称 lambda 函数。

下面通过示例介绍如何定义匿名函数。例如，为了实现两个整数的加法和减法运算，可以定义两个函数，代码如下：

```
// 8.4.1 匿名函数
package main

import "fmt"

func main() {
        //声明相加函数
        addFun := func(a, b int) int {                    ①
           return a + b
        }
```

```
    //声明相减函数
    subFun := func(a, b int) int {                  ②
      return a - b
    }

    var a, b = 10, 5

    fmt.Printf("%d + %d = %d数据类型:%T\n", a, b, addFun(a, b), addFun)
                        //调用相加函数              ③
    fmt.Printf("%d - %d = %d数据类型:%T\n", a, b, subFun(a, b), addFun)
                        //调用相减函数              ④
}
```

上述代码执行结果如下：

```
10 + 5 = 15数据类型:func(int, int) int
10 - 5 = 5数据类型:func(int, int) int
```

上述代码在main函数中定义了两个函数，见代码第①行和第②行，只是它们没有名称。注意，在定义这些函数时，提供了func关键字、参数列表和返回值列表，只是没有提供函数名，这就是匿名函数。匿名函数本质还是函数，所以代码第①行和第②行的返回值addFun和subFun是同一类型的函数，可以像其他函数一样调用。

代码第③行和第④行分别调用addFun函数和subFun函数。

从运行结果可见，匿名函数返回值addFun和subFun的数据类型是func(int,int)int，它就是函数类型。

函数类型是函数式编程的关键，函数类型与其他的数据类型一样，都可以声明变量、参数类型和返回值类型。

8.4.2 函数作为返回值使用

微课视频

函数可作为另一个函数的返回值使用。下列示例定义一个calculate()函数，该函数根据传递的操作符返回计算函数，示例代码如下：

```
// 8.4.2 函数作为返回值使用

package main

import "fmt"

func main() {
    // 调用函数calculate()函数
    f1 := calculate("+")
    f2 := calculate("-")

    var a, b = 10, 5

    fmt.Printf("%d + %d = %d,数据类型:%T\n", a, b, f1(a, b), f1) //调用相加函数
    fmt.Printf("%d - %d = %d,数据类型:%T\n", a, b, f2(a, b), f2) //调用相减函数
```

```
}

// 定义计算函数,返回值是函数类型
func calculate(opr string) func(int, int) int {                    ①
    // 声明变量,它是函数类型
    var res func(int, int) int                                     ②

    if opr == "+" {
        //声明相加函数
        res = func(a, b int) int {
            return a + b
        }
    } else {
        //声明相减函数
        res = func(a, b int) int {
            return a - b
        }
    }
    // 返回值 res 变量是函数类型
    return res                                                     ③
}
```

上述代码第①行定义了 calculate()函数，它的返回值是 func(int,int)int，是函数类型。代码第②行声明变量 res，该变量是函数类型 func(int,int)int。代码第③行函数返回变量值 res。

微课视频

8.4.3 函数作为参数使用

函数还可以接收另一个函数作为参数使用，示例代码如下：

```
// 8.4.3 函数作为参数使用

package main

import "fmt"
// 自定义计算面积的函数
func getAreaByFunc(funcName func(float32, float32) float32, a, b float32) float32 {①
    return funcName(a, b)
}

func main() {

    //获得计算三角形面积的函数
    var result1 = getAreaByFunc(triangleArea, 10.0, 15.0)

    fmt.Printf("底 10 高 15,计算三角形面积: %0.3f\n", result1)
    //获得计算矩形面积的函数
    var result2 = getAreaByFunc(rectangleArea, 10.0, 15.0)
    fmt.Printf("底 10 高 15,计算矩形面积: %0.3f\n", result2)
```

```
}

// 自定义计算矩形面积的函数
func rectangleArea(width float32, height float32) float32 {
    return width * height
}

//自定义计算三角形面积的函数
func triangleArea(bottom float32, height float32) float32 {
    return bottom * height / 2
}
```

代码第①行自定义计算面积的函数，注意它的第1个参数是funcName，类型是func(float32,float32)float32，a，b float32)，是函数类型。

上述代码运行结果如下：

```
底 10 高 15,计算三角形面积: 75.000
底 10 高 15,计算矩形面积: 150.000
```

8.5 闭包与捕获变量

微课视频

闭包(closure)是一种特殊的函数，它可以访问函数体之外的变量，这个变量和函数一同存在，即使已经离开了它的原始作用域也不例外。闭包访问函数体之外的变量的过程称为捕获变量。闭包捕获变量后，这些变量被保存在一个特殊的容器中，即使声明这些变量的原始作用域已经不存在，闭包体中仍然可以访问这些变量。

示例代码如下：

```
// 8.5 闭包与捕获变量

package main

import "fmt"

// 自定义增量器函数,返回值是 func() int 函数类型
func incrementor() func() int {                                  ①

      i := 0                      // 声明局部变量 i
      // 返回匿名函数
      return func() int {         // 闭包                          ②
        i++
        return i
      }
}

func main() {
      next := incrementor()                                      ③
      fmt.Println(next())         // 打印 1
```

```
    fmt.Println(next())        // 打印 2
    fmt.Println(next())        // 打印 3
}
```

上述代码第①行定义了增量器函数 incrementor()，该函数返回值是函数类型。

代码第②行返回匿名函数，事实上就是闭包，在这个闭包中捕获了变量 i，并改变 i 变量。

代码第③行调用 incrementor()函数返回的 next 变量事实上是一个函数，在 next 变量被多次调用时，捕获的变量 i 会被累计，这说明它的有效性并没有随着闭包的结束而消失。

8.6 动手练一练

选择题

（1）以下关键字中，用来定义函数的是（　　）。

A. var　　B. func　　C. type　　D. new

（2）假设函数定义为 func abc(a, b int)(int, int)，以下返回值中正确的是（　　）。

A. return b　　B. return a int　　C. return a+b　　D. return a,b

（3）以下函数定义的参数列表正确的是（　　）。

A. func abc(a,b)(int,int)　　B. func abc(a int,b)(int,int)

C. func abc(a,b int)(int,int)　　D. func abc(int a,b)(int,int)

（4）假设函数定义为 func abc(a,b int) int，那么它的函数类型是（　　）。

A. func(int) int　　B. func(int, int)

C. func(int, int) int　　D. func(int, int) (int,int)

第9章 自定义数据类型

在Go语言中可以使用type关键字重新定义一些数据类型。本章重点介绍两种重要的自定义数据类型：结构体和接口。

9.1 结构体

结构体是一种用户自定义的数据类型，是不同类型数据的集合，而数组是相同类型数据的集合。

以描述Student(学生)数据为例，如图9-1所示，Student数据会有id(学号)、name(姓名)、age(年龄)、city(城市)和gender(性别)等信息，这些信息可以有各自不同的数据类型，都是用于描述Student数据，如果设计一个Student结构体，它可以包含4个成员(或称为字段)。

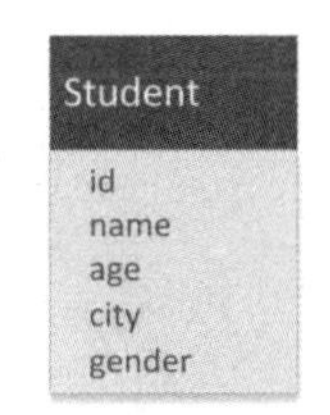

图9-1 描述Student数据的信息

微课视频

9.1.1 声明结构体

声明结构体使用 type 关键字，语法格式如下：

```
type 结构体类型名 struct{
  成员 1 数据类型
  成员 2 数据类型
  成员 3 数据类型
  …
}
```

其中，“结构体类型名”是自定义的结构体类型；结构体中有多个“成员”，也称字段。

声明结构体的示例代码如下：

```
type Student struct {
   id     int            //学号成员
   name   string         //姓名成员
   age    int            //年龄成员
   city   string         //所在城市成员
   gender string         // 性别成员,M 表示男,F 表示女
}
```

相同数据类型的字段可以放在一起声明，示例代码如下：

```
type Student struct {
    id, age          int
    name, city, gender string
}
```

由于 id 和 age 都是 int 类型，可以放在一起声明；同理，name、city 和 gender 都属于字符串类型，也可以放在一起声明。

微课视频

9.1.2 实例化结构体

结构体在使用时需要实例化，并初始化结构体变量，示例代码如下：

```
// 9.1.2 实例化结构体
package main

import "fmt"

type Student struct {
       id, age          int
       name, city, gender string
}

func main() {
       // 实例化 Student 结构体,创建 stu1 结构体成员
       var stu1 Student                                    ①
       //初始化 stu1 结构体成员
       stu1.id = 102
```

```
        stu1.name = "江小白"
        stu1.age = 17
        stu1.city = "北京"
        stu1.gender = "M"
        // 打印 stu1 结构体成员
        fmt.Println(stu1)
        fmt.Println(stu1.id)
        fmt.Println(stu1.name)

        // 实例化 Student 结构体,创建 stu2 结构体成员
        stu2 := Student{101, 18, "张小红", "上海", "F"}             ②
        // 打印 stu2 结构体成员
        fmt.Println(stu2)
        fmt.Println(stu2.id)
        fmt.Println(stu2.name)

        // 实例化 Student 结构体,创建 stu3 结构体成员
        stu3 := Student{name: "张小红", age: 18,
          city: "上海",
          gender: "F", id: 101}                                      ③

        fmt.Println(stu3)
        fmt.Println(stu3.id)
        fmt.Println(stu3.name)
}
```

上述代码第①行创建 stu1 结构体成员,由于在实例化时没有初始化,这些结构体成员还需要逐个进行初始化。

代码第②行创建 stu2 结构体成员,这些结构体成员的初始值按照声明时的顺序放到一对大括号“{}”中。

代码第③行创建 stu3 结构体成员,它采用键-值对形式初始化,这些键-值对放在一对大括号“{}”中,可以根据需要初始化部分结构体成员。

上述代码执行结果如下:

```
{102 17 江小白 北京 M}
102
江小白
{101 18 张小红 上海 F}
101
张小红
{101 18 张小红 上海 F}
101
张小红
```

9.1.3 结构体指针

结构体指针的示例代码如下:

```
// 9.1.3 结构体指针
package main

import "fmt"

type Student struct {
    id, age             int
    name, city, gender string
}

func main() {

    //通过取地址运算符(&)获得结构体实例的地址
    stu1 := &Student{name: "张小红", age: 18,
                                city: "上海", gender: "F", id: 101}           ①
    // 使用"."运算符访问成员
    fmt.Println(stu1)
    fmt.Println(stu1.id)
    fmt.Println(stu1.name)

    // 使用 new 关键字获得创建的结构体实例,并返回指向实例的指针
    stu2 := new(Student)                                                    ②

    stu2.id = 102
    stu2.name = "江小白"
    stu2.age = 17
    stu2.city = "北京"
    stu2.gender = "M"

    fmt.Println(stu2)
    fmt.Println(stu2.id)
    fmt.Println(stu2.name)

}
```

获得结构体实例的地址有以下两种方式。

（1）通过取地址运算符(&)获得结构体实例的地址，见代码第①行。

（2）通过 new 关键字获得创建的结构体实例，并返回指向结构体实例的指针，见代码第②行。

在通过指针变量访问结构体成员时，应使用点运算符“.”。注意，这里与 C++ 不同，C++ 中是采用箭头“->”访问结构体成员。上述代码运行结果如下：

```
&{101 18 张小红 上海 F}
101
张小红
&{102 17 江小白 北京 M}
102
江小白
```

9.1.4 结构体嵌套

将一个结构体作为另一个结构体中的成员的类型，这就是结构体嵌套。结构体嵌套示例代码如下：

```
// 9.1.4 结构体嵌套
package main

import "fmt"

// 定义图书结构体
type Book struct {                                                   ①
      isbn          string            // ISBN 号
      title         string            // 书名
      price         float32           // 定价
      authors       []Author          // 作者,它是 Author 结构体的数组
      publisher     Publisher         // 出版社,它是 Publisher 结构体
}

// 定义作者结构体
type Author struct {                                                 ②
      id   int
      name string
}

// 定义出版社结构体
type Publisher struct {                                              ③
      name  string
      email string
}

func main() {

      b1 := Book{"9787302562474", "Python 从小白到大牛", 99.0,
        []Author{
          {11, "关东升"},
          {22, "Tony"},
        },
        Publisher{"清华大学出版社", "eorient@sina.com"},
      }

      fmt.Printf("ISBN: %s, 书名: %s,第一作者:%s, Price: %0.2f, %s\n",
        b1.isbn,
        b1.title,
        b1.authors[0].name,
        b1.price,
        b1.publisher.name)

}
```

上述代码定义了3个结构体，其中代码第①行定义Book结构体，代码第②行定义Author结构体，代码第③行定义Publisher结构体。注意，Book结构体的成员authors和publisher是嵌套的结构体。

上述代码运行结果如下：

```
ISBN: 9787302562474, 书名: Python从小白到大牛, 第一作者:关东升 Price: 99.00,清华大学出版社
```

9.2 为结构体添加方法

在结构体中还可以定义方法。所谓方法，就是在结构体中定义的函数。

为结构体添加方法的示例代码如下：

```
// 9.2 为结构体添加方法
package main

import "fmt"

// 定义结构体
type Rectangle struct {
	height, width int
}

// 声明结构体方法
func (rect Rectangle) Area() int {                     ①
	return rect.height * rect.width
}

// 声明结构体方法
func (rect Rectangle) DoubleArea() int {               ②
	return rect.Area() * 2                             ③
}

func main() {
	// 创建矩形实例 r1
	r1 := Rectangle{4, 3}
	fmt.Println("矩形实例:", r1)
	fmt.Println("矩形面积:", r1.Area())
	fmt.Println("矩形双倍面积:", r1.DoubleArea())
}
```

上述代码第①行和第②行声明了结构体方法。注意，其中的(rect Rectangle)称为接收器，指示该函数与Rectangle结构体实例rect关联。另外，在结构体方法中不仅可以访问字段，还可以访问方法，见代码第③行。

上述代码运行结果如下：

```
矩形实例: {4 3}
```

```
矩形面积: 12
矩形双倍面积: 24
```

9.3 定义接口

目前的计算机语言都支持接口,使用接口的目的是降低耦合度,减少组件之间的依赖关系。本节介绍 Go 语言中的接口。

Go 语言中的接口属于自定义类型,使用 type 关键字定义,示例代码如下:

```
// 9.3 定义接口
package main

//定义几何图形接口
type Shape interface {
    area() float64              // 计算面积
    perimeter() float64         // 计算周长
}
```

上述代码中的 type 关键字用于自定义数据类型,interface 说明定义的类型是接口类型,在 Shape 接口中声明了两个方法,分别用于计算面积和计算周长。

9.4 实现接口

接口只是问题的抽象描述,最后还要给出解决问题的具体方案,也就是要实现接口,即在一个结构体中实现接口中的方法。

实现 Shape 接口示例代码如下:

```
// 9.4 实现接口
package main

import "fmt"

//定义几何图形接口
type Shape interface {
    area() float64              // 计算面积
    perimeter() float64         // 计算周长
}

// 定义矩形结构体
type Rectangle struct {
    height, height float64
}

// 定义圆形结构体
type Circle struct {
    radius float64
```

```
}

// 声明 Rectangle 结构体方法,实现 Shape 接口 area 方法
func (r Rectangle) area() float64 {                          ①
    return r.height * r.height
}

// 声明 Rectangle 结构体方法,实现 Shape 接口 perimeter 方法
func (r Rectangle) perimeter() float64 {                     ②
    return 2 * r.height + 2 * r.height
}

//声明 Circle 结构体方法,实现 Shape 接口 area 方法
func (c Circle) area() float64 {                             ③
    return 3.142 * c.radius * c.radius
}

//声明 Circle 结构体方法,实现 Shape 接口 perimeter 方法
func (c Circle) perimeter() float64 {                        ④
    return 2 * 3.142 * c.radius
}

func main() {
    r := Rectangle{height: 10.0, height: 5.0}
    c := Circle{radius: 5.0}

    fmt.Printf("矩形面积: %0.2f\n", r.area())
    fmt.Printf("矩形周长: %0.2f\n", r.perimeter())
    fmt.Printf("圆形面积: %0.2f\n", c.area())
    fmt.Printf("圆形周长: %0.2f\n", c.perimeter())
}
```

上述代码第①行和第②行在结构体 Rectangle 中实现 Shape 接口中的 area 和 perimeter 方法。

代码第③行和第④行在结构体 Circle 中实现 Shape 接口中的 area 和 perimeter 方法。

上述代码运行结果如下：

```
矩形面积:50.00
矩形周长:30.00
圆形面积:78.55
圆形周长:31.42
```

9.5 动手练一练

1. 选择题

(1) 以下有关结构体 student 的声明合法的是(　　)。

A. var student struct {...}　　　　B. func student struct {...}

C. type student struct {…}　　D. make student struct {…}

(2) 已知结构体类型 table 的定义为：

```
type table struct{
    x int
    y float64
    name string
}
```

以下为结构体 table 添加的方法 Add 中，合法的是(　　)。

A. func (t table) Add() {…}　　B. func Add() {…}

C. func (&t * table) Add() {…}　　D. func(&t table)Add(){…}

2. 判断题

使用接口的目的是降低耦合度，减少组件之间的依赖关系。　　(　　)

第 10 章

错误处理

为增强程序的健壮性，编写计算机程序时需要考虑程序出错的情况。Go 语言提供了简单的错误处理功能，本章介绍 Go 语言的错误处理机制。

微课视频

10.1 从一个问题开始

为了学习 Go 语言的错误处理机制，首先看一个除法运算的示例程序。

```
// 10.1 从一个问题开始
package main

import "fmt"

func main() {
    var number, divisor int
    fmt.Println("请输入一个整数作为分子:")
    fmt.Scan(&number)
    fmt.Println("请输入一个整数作为分母:")
```

```
    fmt.Scan(&divisor)

    result := divide(number, divisor)
    fmt.Println("result:", result)

}

// 除法函数,参数 number 是分子,参数 divisor 是分母
func divide(number, divisor int) float32 {
    return float32(number / divisor)
}
```

上述程序从键盘输入分子和分母,然后调用 divide()函数进行计算。在进行除法运算时分母不能为 0,如果输入的分母为 0,将发生 integer divide by zero 错误,程序将崩溃,如图 10-1 所示。

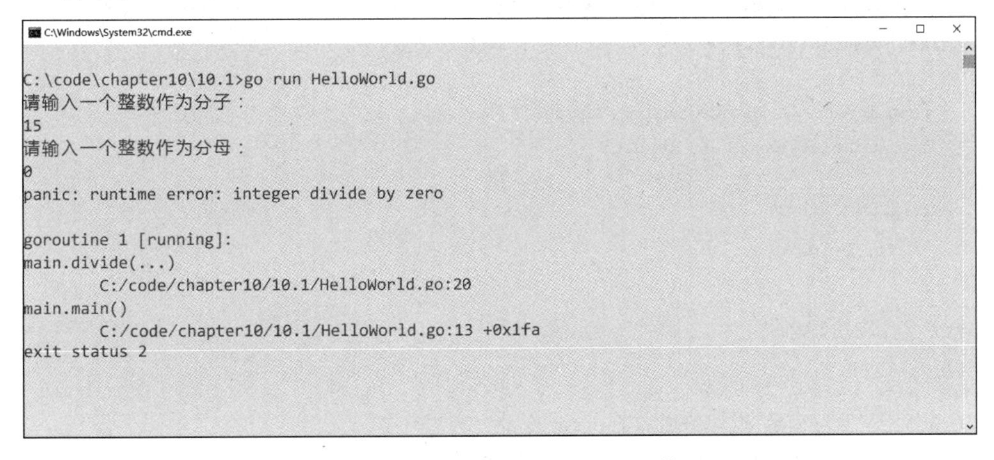
```
C:\code\chapter10\10.1>go run HelloWorld.go
请输入一个整数作为分子:
15
请输入一个整数作为分母:
0
panic: runtime error: integer divide by zero

goroutine 1 [running]:
main.divide(...)
        C:/code/chapter10/10.1/HelloWorld.go:20
main.main()
        C:/code/chapter10/10.1/HelloWorld.go:13 +0x1fa
exit status 2
```

图 10-1 发生 integer divide by zero 错误

出现错误后就崩溃的程序是不健壮的,健壮的程序在错误发生时不会崩溃,程序不会中断,且会给用户友好的提示。

10.2 使用 error 类型

10.1 节中的示例不是一个健壮的程序。为了防止 integer divide by zero 错误,divide()函数应该先判断分母是否为零,如果为零则需要给调用者返回一些错误提示信息。Go 标准库中的 errors 包中提供了 New()函数,用来返回错误信息,该函数返回值 error 是一种接口类型。New()函数提供了简单的错误处理机制,语法格式如下:

```
func New(text string) error
```

其中,参数 text 是错误信息,返回值 error 是接口类型。

修改 10.1 节示例代码如下:

```
// 10.2 使用 error 类型

package main

import (
    "errors"
    "fmt"
)

func main() {
    var number, divisor int
    fmt.Println("请输入一个整数作为分子:")
    fmt.Scan(&number)
    fmt.Println("请输入一个整数作为分母:")
    fmt.Scan(&divisor)

    result, err := divide(number, divisor)                          ①
    fmt.Println("result:", result)

    if err != nil {                                                 ②
       fmt.Println(err)
    }

}

// 重新定义除法函数,返回值增加了 error 变量
func divide(number, divisor int) (float32, error) {                   ③
    if divisor == 0 {
       // 返回多值数据
       return 0.0, errors.New("分母不能为 0!")                          ④
    }

    // 返回多值数据
    return float32(number / divisor), nil                           ⑤
}
```

上述代码第③行重构了 divide()函数，该函数的返回值与 10.1 节不同，它返回了两个值，第一个是计算结果，第二个是 error 实例。

代码第④行判断分母是否为 0，如是则返回多个值，其中 error 实例通过 errors.New()函数创建，它的参数是自定义的错误消息。

代码第⑤行在没有发生错误时，error 为 nil。

代码第①行调用 divide()函数，代码第②行确定有错误情况下的处理方式。

10.3 格式化错误信息

在错误发生时,errors.New()函数只是提供了错误信息,但没有进行格式化。如需格式化错误信息,则可以使用fmt.Errorf()函数,该函数返回值是error类型。修改10.1节示例代码如下:

```
// 10.3 格式化错误信息

package main

import (
    "fmt"
)

func main() {
    var number, divisor int
    fmt.Println("请输入一个整数作为分子:")
    fmt.Scan(&number)
    fmt.Println("请输入一个整数作为分母:")
    fmt.Scan(&divisor)

    result, err := divide(number, divisor)
    fmt.Println("result:", result)

    if err != nil {
       fmt.Println(err)
    }

}

// 重新定义 divide()函数,返回值增加了 error 变量
func divide(number, divisor int) (float32, error) {
    if divisor == 0 {
       // 格式化错误信息,返回 error 实例
       error := fmt.Errorf("您输入的分母是:%d", divisor)            ①
       // 返回多值数据
       return 0.0, error
    }

    // 返回多值数据
    return float32(number / divisor), nil
}
```

上述代码第①行fmt.Errorf()函数创建error实例,它的参数是格式化错误消息。上述代码运行时,如果输入的分母为0,则会发生错误,如图10-2所示。

```
C:\Windows\System32\cmd.exe
Microsoft Windows [版本 10.0.19044.2006]
(c) Microsoft Corporation。保留所有权利。

C:\code\chapter10\10.3>go run HelloWorld.go
请输入一个整数作为分子：
15
请输入一个整数作为分母：
0
result：  0
您输入的分母是：0

C:\code\chapter10\10.3>_
```

图 10-2　发生错误 1

微课视频

10.4　自定义错误类型

开发人员也可以根据需要自定义错误类型，这需要在一个结构体中实现 error 接口的 Error()函数。error 接口定义如下：

```
type error interface {
  Error() string
}
```

示例代码如下：

```
// 10.4 自定义错误类型

package main

import (
    "fmt"
)

// 自定义错误结构体
type DivisionByZero struct {                              ①
    // 错误消息
    message string
}

// 实现 error 接口的 Error()函数
func (z DivisionByZero) Error() string {                  ②
    return "除错误"
}

func main() {
    var number, divisor int
```

```
    fmt.Println("请输入一个整数作为分子:")
    fmt.Scan(&number)
    fmt.Println("请输入一个整数作为分母:")
    fmt.Scan(&divisor)

    result, err := divide(number, divisor)
    fmt.Println("result:", result)

    if err != nil {
        fmt.Println(err)
    }

}

// 重新定义 divide()函数,返回值增加了 error 变量
func divide(number, divisor int) (float32, error) {
    if divisor == 0 {
        // 返回 error 实例
        error := DivisionByZero{message: "分母不能为 0!"}      ③
        // 返回多值数据
        return 0.0, error
    }

    // 返回多值数据
    return float32(number / divisor), nil
}
```

上述代码第①行自定义错误结构体 DivisionByZero。

代码第②行实现 error 接口的 Error()函数。

代码第③行实例化结构体 DivisionByZero。

10.5 错误处理机制

在 Go 语言中,没有类似于 Java 语言中的 try-catch 捕获机制,但 Go 语言提供了 panic()函数、recover()函数及 defer 关键字,用于实现错误处理。

10.5.1 延迟执行

defer 语句用来释放资源,在函数最终返回前被执行。在错误处理的过程中,一个非常重要的环节就是释放资源,无论程序执行成功与否,都应该保证释放这些资源。defer 语句延迟执行,保证在程序运行完成之前释放资源。

当有多个 defer 语句时,其执行遵循“后进先出”原则。

示例代码如下:

```
// 10.5.1 延迟执行

package main

import (
    "fmt"
)

func main() {
    : = "Go"
    defer fmt.Print(" to " + language + "\n")   // 延迟执行                ①

    language = "Java"
    defer fmt.Print("from " + language)          // 延迟执行                ②
    fmt.Print("Hello ")                                                     ③
}
```

上述代码中有 3 条打印语句，它们的执行顺序是③→②→①。上述代码执行结果如下：

```
Hello from Java to Go
```

微课视频

10.5.2 进入宕机状态

Go 语言的类型系统在编译时常捕获很多错误，但有些错误只能在运行时检查，如数组访问越界、空指针引用等。这些运行期错误会引起宕机（Panic），进入宕机状态（Panic State），在 Go 语言中，"进入宕机状态"是指程序在发生严重错误或无法处理的异常情况时，会中断正常的执行流程，立即终止程序的运行。进入宕机状态有两种方式。

（1）自动进入：当发生运行期错误时自动进入宕机状态。

（2）手动触发：程序员可以根据需要通过 panic()函数手动触发宕机状态。

如下示例代码由于访问切片下标越界，将自动进入宕机状态。

```
// 10.5.2-1 自动进入宕机状态测试

package main

import "fmt"

func main() {
      intSlice1 : = []int{1, 2, 3}
      // 下标越界触发宕机
      fmt.Println(intSlice1[3])              ①
}
```

上述代码第①行试图访问切片 intSlice1 索引为 3 的元素，但是 intSlice1 只有 3 个元素，因此会发生下标越界异常。上述示例代码运行结果如下：

```
panic: runtime error: index out of range [3] with length 3

goroutine 1 [running]:
main.main()
```

```
C:/.../code/chapter10/10.5.2-1/HelloWorld.go:10 +0x1b
exit status 2
```

如果使用 Visual Code 工具运行上述代码，将发生宕机，如图 10-3 所示。

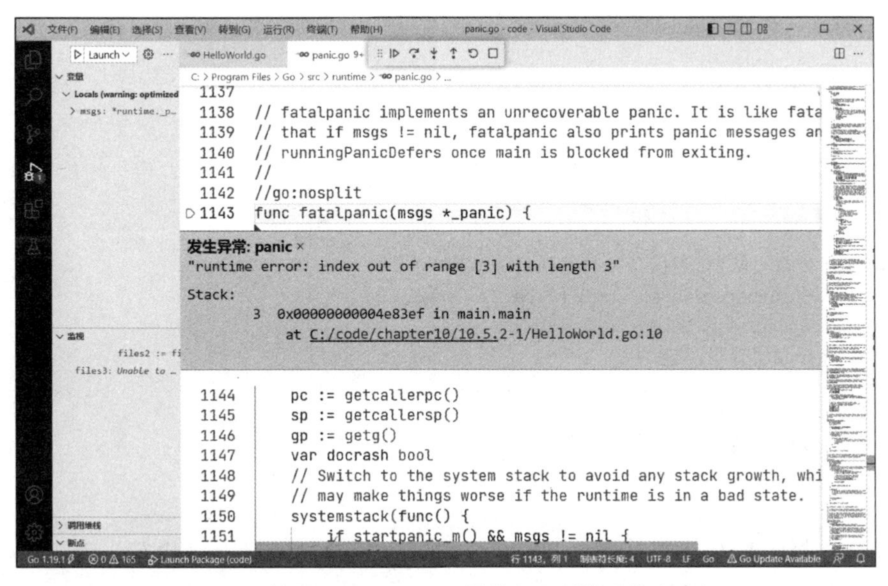

图 10-3　使用 Visual Code 工具执行示例代码发生宕机

使用 panic()函数手动触发宕机状态，示例代码如下：

```
// 10.5.2-2 手动触发宕机状态

package main

import (
	"fmt"
)

// 自定义错误结构体
type DivisionByZero struct {
	// 错误消息
	message string
}

// 实现 error 接口的 Error()函数
func (z DivisionByZero) Error() string {
	return "除错误"
}

func main() {
	var number, divisor int
	fmt.Println("请输入一个整数作为分子:")
	fmt.Scan(&number)
```

```
        fmt.Println("请输入一个整数作为分母:")
        fmt.Scan(&divisor)

        result, err := divide(number, divisor)
        fmt.Println("result:", result)

        if err != nil {
          fmt.Println(err)
        }

}

// 重新定义除法函数,返回值增加了 error 变量
func divide(number, divisor int) (float32, error) {
        if divisor == 0 {
          panic("分母不能为 0!")                    ①
        }

        // 返回多值数据
        return float32(number / divisor), nil
}
```

上述代码第①行在分母为 0 时，通过 panic()函数手动触发宕机状态。注意，panic()函数中的参数是出错误时显示的信息。

上述代码运行时，如果输入的分母为 0，则会发生错误，如图 10-4 所示是使用 Visual Code 工具运行的结果。

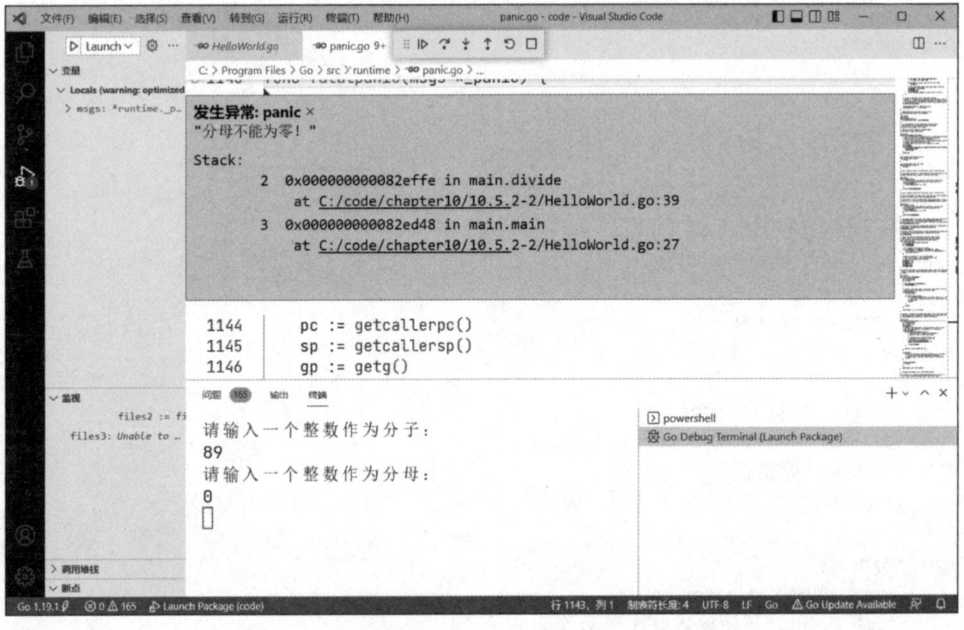

图 10-4　使用 Visual Code 工具运行的结果

10.5.3 从宕机状态恢复

宕机状态是一种严重的异常情况，通常意味着程序遇到了无法继续执行的问题。虽然大多数情况下，宕机状态是由不可恢复的错误引起的，但有时候系统需要在宕机发生后进行一些清理工作或报告，而不是完全终止程序。这就引入了宕机的恢复(Recover)机制，如果要恢复，则需要使用 recover()函数。recover()函数要配合 defer 语句一起使用，即当状态恢复时要延迟执行的代码。

使用 recover()函数示例代码如下：

```
// 10.5.3 从宕机状态恢复

package main

import (
    "fmt"
)

// 自定义错误结构体
type DivisionByZero struct {
    // 错误消息
    message string
}

// 实现 error 接口的 Error()函数
func (z DivisionByZero) Error() string {
    return "除错误"
}

func main() {
    var number, divisor int
    fmt.Println("请输入一个整数作为分子:")
    fmt.Scan(&number)
    fmt.Println("请输入一个整数作为分母:")
    fmt.Scan(&divisor)

    result, err := divide(number, divisor)
    fmt.Println("result:", result)

    if err != nil {
        fmt.Println(err)
    }

}

// 重新定义除法函数,返回值增加了 error 变量
```

```
func divide(number, divisor int) (float32, error) {
    // 延迟调用宕机处理函数
    defer handlePanic()                                    ①

    if divisor == 0 {
       panic("分母不能为零!")
    }

    // 返回多值数据
    return float32(number / divisor), nil
}

// 宕机处理函数
func handlePanic() {                                       ②

    // 终止宕机状态,程序恢复正常执行
    state : = recover()                                    ③

    // 判断宕机状态
    if state != nil {                                      ④
       fmt.Println("恢复...", state)
    }

}
```

上述代码第①行通过 defer 语句延迟调用 handlePanic()函数,该函数会在宕机时被调用。

代码第②行声明宕机处理函数,代码第③行调用 recover()函数返回宕机状态。

代码第④行判断宕机状态为非空,说明系统从宕机状态恢复。

上述代码运行时,如果输入的分母为 0,则会发生错误,如图 10-5 所示。

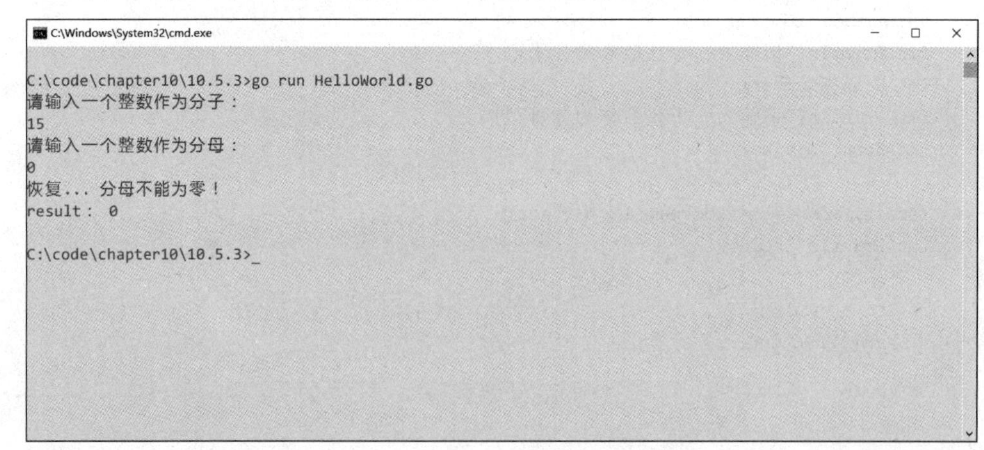

图 10-5 发生错误 2

10.6 动手练一练

1. 选择题

(1) 下列选项中,(　　)是延迟执行语句。

A. delay　　B. defer　　C. late　　D. after

(2) (　　)函数可以用来中断程序执行,并使系统进入宕机状态。

A. close( )　　B. delete( )　　C. panic( )　　D. recover( )

(3) (　　)函数可以用来中断宕机状态。

A. recover( )　　B. panic( )　　C. defer ()　　D. append()

2. 判断题

(1) 程序中有多个 defer 语句时,其执行遵循“后进先出”原则。(　　)

(2) recover()函数可以从 panic 引起的断点处恢复执行程序。(　　)

第11章

并 发 编 程

无论是个人计算机，还是智能手机，现在都支持多任务，支持并发编程。本章介绍Go语言并发编程。

微课视频

11.1 进程、线程和协程

并发编程涉及进程、线程和协程等概念，下面分别介绍。

11.1.1 进程

一般可以在同一时间内执行多个程序的操作系统都有进程的概念。一个进程就是一个执行中的程序，而每一个进程都有独立的内存空间和一组系统资源。在进程的概念中，每个进程的内部数据和状态都是完全独立的。在Windows操作系统中可以按Ctrl+Alt+Del组合键查看进程，在UNIX和Linux操作系统中可通过ps命令查看进程。在Windows系统中打开“任务管理器”对话框，选择“进程”选项卡，可查看当前运行的进程，如图11-1所示。

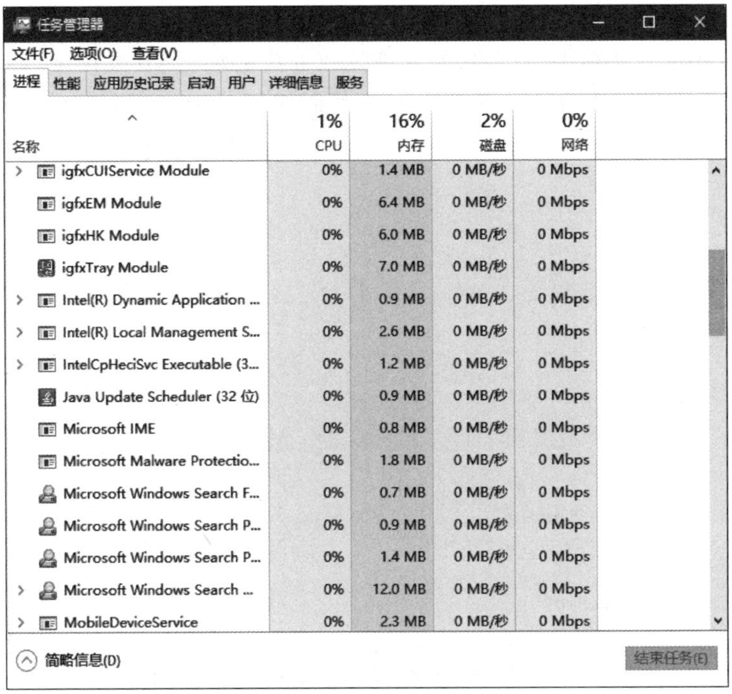

图 11-1 Windows 当前运行的进程

在 Windows 操作系统中，一个进程就是一个.exe 或者.dll 程序，它们相互独立，彼此间也可以通信。

11.1.2 线程

线程与进程相似，是一段可完成特定功能的代码，是程序中单个顺序控制的流程。与进程不同的是，同类的多个线程共享一个内存空间和一组系统资源。所以系统在不同线程之间切换时，开销要比在进程间切换小得多，正因为如此，线程被称为轻量级进程。一个进程中可以包含多个线程。

11.1.3 协程

协程(Goroutines)是一种轻量级的线程，提供一种不阻塞线程，但是可以被挂起的计算过程。线程阻塞开销是巨大的，而协程挂起基本上没有开销。协程底层库也是异步处理阻塞任务，但是这些复杂的操作被底层库封装起来。协程代码的程序流是顺序的，不再需要回调函数，就像同步代码一样，便于理解、调试和开发。

提示 线程与协程的区别在于：线程调度是操作系统级的，而协程是协作式的，协程调度是用户级的。协程是用户空间线程，与操作系统无关，所以需要用户自己做调度。

微课视频

1. 创建协程

在 Go 语言中创建协程很简单,只要在函数或方法前加上 go 关键字,即可创建一个新协程,然后在协程中异步调用函数或方法,示例代码如下：

```
// 11.1.3 - 1 创建协程

package main

import "fmt"

func display(str string) {
	fmt.Println(str)
}

func main() {

	// 创建协程,异步调用函数
	go display("Welcome to Beijing!")            ①
	// 正常调用函数
	display("Hello World!")                      ②
}
```

上述代码第①行创建一个子协程,然后在子协程中异步调用 display()函数。代码第②行正常调用函数 display(),此时有两个协程在运行,即主协程和协程 1,如图 11-2 所示。一个 Go 程序至少有一个主协程。代码第②行调用 display()函数是在主协程中进行的。

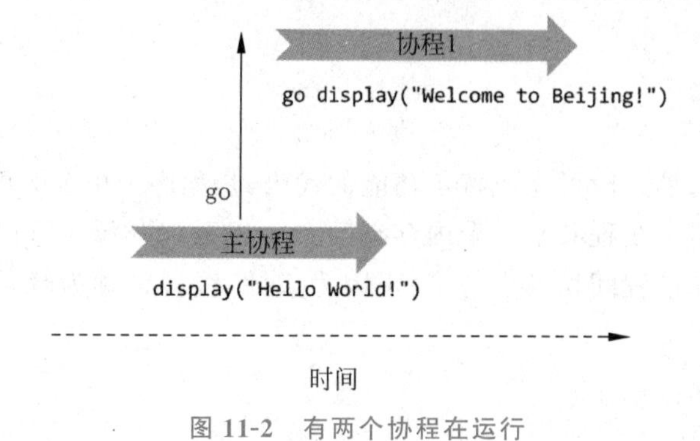

图 11-2　有两个协程在运行

上述代码执行结果可能是以下几种情况之一。

```
Hello World!
Welcome to Beijing!
```

或

```
Welcome to Beijing!
Hello World!
```

或

```
Hello World!
```

为什么结果会不确定呢？这是因为两个协程的执行是异步的，哪个先执行，哪个后执行，都是不能确定的，这就是并发程序的特点。

2. 创建匿名协程

如果调用的函数是匿名函数，那么这样的协程就是匿名协程，创建匿名协程示例代码如下：

```
// 11.1.3-2 创建匿名协程

package main

import "fmt"

func display(str string) {
    fmt.Println(str)
}

func main() {

    // 创建协程,异步调用函数
    // go display("Welcome to Beijing!")              ①
    go func(str string) {
        fmt.Println(str)
    }("Welcome to Beijing!")
    // 正常调用函数
    display("Hello World!")                           ②
}
```

上述代码第①～②行创建匿名协程。

匿名函数代码比较紧凑，初学者阅读起来有一定的难度。匿名函数本质上还是函数，最后还要通过一对小括号调用，如图 11-3 所示，其中("Welcome to Beijing!")是调用函数。

图 11-3 匿名函数

3. 协程休眠

仔细分析 2. 创建匿名协程示例运行的结果会发现，打印字符串"Welcome to Beijing!"和"Hello World!"的先后顺序是不确定的，有时还会只打印"Hello World!"，这是因为主协程运行速度比协程 1 快，协程 1 还未运行打印，主协程就已经结束了。为了让协程 1 能够有足够的时间运行，可以让主协程休眠一小段时间。协程休眠可以使用 time.Sleep(d)函数，其中参数 d 是持续时间。

协程休眠示例代码如下：

```
// 11.1.3 - 3 协程休眠

package main

import (
    "fmt"
    "time"
)

func display(str string) {
    fmt.Println(str)
}

func main() {

    // 创建协程,异步调用函数
    // go display("Welcome to Beijing!")
    go func(str string) {
        fmt.Println(str)
    }("Welcome to Beijing!")
    // 休眠 1s
    time.Sleep(1 * time.Second)                    ①
    // 正常调用函数
    display("Hello World!")
}
```

上述代码第①行调用 time.Sleep()函数使当前协程休眠，其中参数 1 * time.Second 用于设置休眠时间，time.Second 是休眠时间的单位，time.Second 是 s(秒)。类似的常量还有以下几个：

(1) time.Microsecond：μs(微秒)。

(2) time.Millisecond：ms(毫秒)。

(3) time.Minute：min(分钟)。

(4) time.Hour：h(小时)。

上述代码运行结果如下：

```
Welcome to Beijing!
Hello World!
```

11.2 通道

为了实现多个协程之间数据共享，Go 语言提供了通道(Channel)，通过通道，可实现一个协程发送数据，另一个协程接收数据，如图 11-4 所示。

图 11-4　通道

11.2.1　声明通道

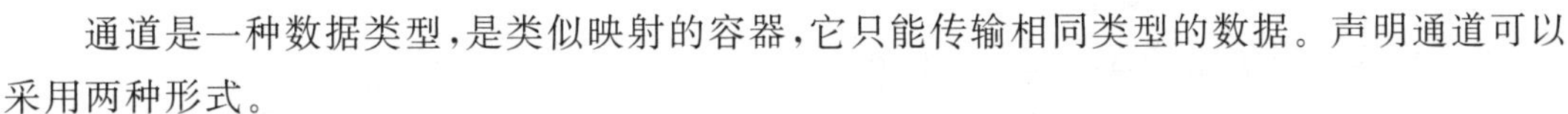

通道是一种数据类型，是类似映射的容器，它只能传输相同类型的数据。声明通道可以采用两种形式。

（1）使用 chan 关键字声明通道，语法格式如下：

```
var Channel_name chan Type
```

（2）使用 make()函数创建通道，语法格式如下：

```
channel_name: = make(chan Type)
```

其中，Channel_name 是通道变量名；chan 是声明通道关键字；Type 是指定通道传输的数据类型。

创建通道示例代码如下：

```
// 11.2.1 声明通道

package main

import (
	"fmt"
)

// 主函数
func main() {

	// 1.使用 chan 声明通道
	var mychannel1 chan int                                ①
	fmt.Printf("mychannel1: % v\n", mychannel1)
	fmt.Printf("mychannel1 类型: % T \n", mychannel1)

	// 2.通过 make()函数创建通道
	mychannel2 := make(chan int)                           ②
	fmt.Printf("mychannel2: % v\n", mychannel2)
	fmt.Printf("mychannel2 类型: % T \n", mychannel2)
}
```

上述代码第①行声明 int 类型的通道变量 mychannel1；代码第②行通过 make()函数创建通道实例，它不仅声明了通道变量 mychannel2，同时也初始化了通道变量

mychannel2。上述代码运行结果如下：

```
mychannel1:<nil>
mychannel1 类型:chan int
mychannel2:0xc0000280c0
mychannel2 类型:chan int
```

11.2.2 发送和接收数据

和通道相关的操作有发送数据、接收数据和关闭通道，其中发送数据和接收数据类似，都是通过运算符“<-”实现的。

（1）向通道发送数据的语法格式如下：

```
mychannel <- data
```

其中，mychannel 是自定义的通道变量，“<-”是发送数据运算符，data 是要发送的数据。

（2）从通道接收数据的语法格式如下：

```
接收数据变量 := <- mychannel
```

从通道中接收数据时，mychannel 和“<-”同发送数据时的 mychannel 和“<-”，这里不再赘述。

示例代码如下：

```
// 11.2.2 发送和接收数据

package main

import (
    "fmt"
)

func display(chstring chan string) {
    // 向通道发送数据
    chstring <- "Hello World!"                    ①
}

func main() {
    messages := make(chan string)
    // 启动协程
    go display(messages)
    // 从通道中接收数据
    msg := <- messages                            ②
    fmt.Println(msg)

}
```

上述代码第①行在子协程中向通道发送数据，代码第②行在主协程中从通道中接收数据。

上述代码运行结果如下：

```
Hello World!
```

11.2.3　关闭通道

如果不再向通道发送或接收任何数据，则可以调用 close()函数关闭通道。通道一旦关闭，就不能再向它发送数据，但仍然可以从其中读取数据。

关闭通道示例代码如下：

```
// 11.2.3 - 1 关闭通道
package main

import "fmt"

func main() {
    ch := make(chan int, 3)

    ch <- 2
    ch <- 3

    close(ch)
    fmt.Println("通道关闭。")
}
```

上述代码运行结果如下：

```
通道关闭。
```

如果试图向已经关闭的通道发送数据，则会发生错误，示例代码如下：

```
// 11.2.3 - 2 试图向已经关闭的通道发送数据
package main

import "fmt"

func main() {
      ch := make(chan int, 3)

      ch <- 2
      ch <- 3
      // 通道关闭
      close(ch)                        ①

      ch <- 4                          ②
      fmt.Println("通道关闭。")
}
```

上述代码第①行关闭通道。代码第②行向通道 ch 发送数据，将发生如下运行期错误：

```
panic: send on closed channel
```

```
goroutine 1 [running]:
main.main()
        C:/.../HelloWorld.go:14 +0x66
```

如果试图从已经关闭的通道接收数据，会发生什么呢？示例代码如下：

```
// 11.2.3-3 试图从已经关闭的通道接收数据
package main

import "fmt"

func main() {
	ch := make(chan int, 3)

	ch <- 2
	ch <- 3
	// 通道关闭
	close(ch)

	// ch <- 4
	fmt.Println("通道关闭。")
	// 试图从已经关闭的通道接收数据
	msg1 := <-ch                              ①
	fmt.Println("从通道中接收的数据:", msg1)

	msg2, ok := <-ch                          ②
	fmt.Println("从通道中接收的数据:", msg2)
	fmt.Println(ok)

}
```

上述代码第①行从已经关闭的通道中接收数据，从运行结果可见，如果通道中有数据，是可以取出的。另外，数据是从通道接收的，见代码第②行，ok是返回接收到的数据。

微课视频

11.2.4 遍历通道

遍历通道与变量映射和切片类似，可以通过range关键字实现，结合使用for语句迭代通道，所有数据遍历完成后通道会隐式关闭。

示例代码如下：

```
// 11.2.4 遍历通道
package main

import "fmt"

// 定义发送数据的函数
func producer(chnl chan int) {                        ①
    for i := 0; i < 10; i++{
        chnl <- i
    }
```

```
    close(chnl)
}
func main() {
    // 创建 int 类型通道
    ch := make(chan int)
    // 创建协程
    go producer(ch)
    // 遍历通道,并从通道中接收数据
    for v := range ch {                                    ②
        fmt.Println("接收:", v)
    }
}
```

上述代码第①行定义一个函数，它能够产生数据，即向通道中发送 10 个整数数据，这些数据会被保存到通道中。

代码第②行遍历通道，它会从通道中接收数据，直到关闭通道为止。注意，这里关闭通道是隐式进行的。

上述代码运行结果如下：

```
接收: 0
接收: 1
接收: 2
接收: 3
接收: 4
接收: 5
接收: 6
接收: 7
接收: 8
接收: 9
```

11.3　单向通道和双向通道

微课视频

默认情况下，通道是双向的（可以接收和发送数据），但是也可以声明单向通道（只能接收数据或只能发送数据）。

单向通道也是通过 make()函数创建的，语法格式如下：

```
channel_name:= make(<-chan Type)        // 只能接收数据
channel_name:= make(chan<- Type)        // 只能发送数据
```

其中，Type 是通道传输的数据类型。

单向通道示例代码如下：

```
// 11.3-1 单向通道示例

package main

import "fmt"
```

```
// 主函数
func main() {

    // 创建只接收数据的通道
    mychannel1 := make(<-chan string)
    // 创建只发送数据的通道
    mychannel2 := make(chan<- string)

    fmt.Printf("mychannel1:%v\n", mychannel1)
    fmt.Printf("mychannel1 类型:%T \n", mychannel1)

    fmt.Printf("mychannel2:%v\n", mychannel2)
    fmt.Printf("mychannel2 类型:%T \n", mychannel2)
}
```

上述代码运行结果如下：

```
mychannel1:0xc00001e120
mychannel1 类型:<-chan string
mychannel2:0xc00001e180
mychannel2 类型:chan<- string
```

使用单向通道示例代码如下：

```
// 11.3-2 使用单向通道示例

package main

import "fmt"

func main() {

    // 创建字符串类型的单向通道
    messages := make(chan<- string)                          ①

    go func() {
        messages <- "Hello World"
    }()

    fmt.Println(<-messages)      // 编译错误                  ②
    fmt.Println("程序完成.")
}
```

上述代码第①行创建字符串类型的单向通道，该通道只能发送数据。由于通道是单向的，所以试图从通道中接收数据会发生编译错误，见代码第②行。

11.4 无缓冲区通道和有缓冲区通道

根据有无缓冲区，还可将通道分为无缓冲区通道和有缓冲区通道。

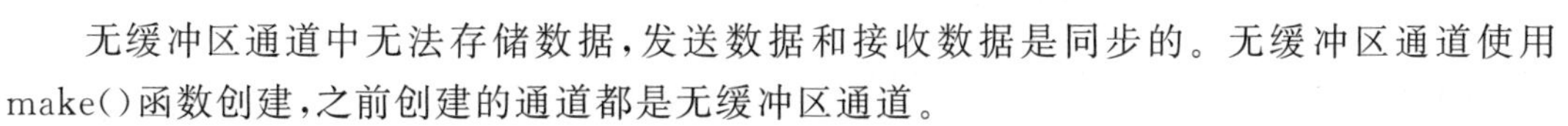

11.4.1　无缓冲区通道

无缓冲区通道中无法存储数据，发送数据和接收数据是同步的。无缓冲区通道使用make()函数创建，之前创建的通道都是无缓冲区通道。

在使用无缓冲区通道时，有两种情况会造成程序的阻塞。

(1) 当协程 A 将数据发送给通道，其他协程还未接收数据时，协程 A 将被阻塞，直到其他协程接收数据后，协程 A 才能继续执行。

(2) 当协程 A 试图从通道接收数据时，如果通道中没有数据，则协程 A 会等待，直到其他协程发送数据后，协程 A 才能继续执行。

注意　一个协程从一个无缓冲区通道接收数据时，其他协程应向该通道发送数据，否则会发生错误。同理，一个协程向无缓冲区通道中发送数据时，其他协程应该从该通道中接收数据，否则也会发生错误。

示例代码如下：

```
// 11.4.1 - 1 无缓冲区通道
// 只发送数据

package main

func main() {
	ch := make(chan int)
	ch <- 5
}
```

上述代码中只发送数据，没有接收数据，代码运行时会发生如下错误。

```
fatal error: all goroutines are asleep - deadlock!

goroutine 1 [chan send]:
main.main()
```

再看如下示例代码：

```
// 11.4.1 - 2 无缓冲通道
// 只接收数据

package main

import "fmt"

func main() {
	ch := make(chan int)
	// 只接收数据
	data := <-ch
	fmt.Println(data)
}
```

上述代码中只接收数据，没有发送数据，代码运行时会发生如下错误：

```
fatal error: all goroutines are asleep - deadlock!

goroutine 1 [chan receive]:
main.main()
```

微课视频

11.4.2 有缓冲区通道

有缓冲区通道中可以存储数据，发送数据和接收数据是异步的。创建有缓冲区通道可以使用make(chan Type int)函数，该函数的第1个参数是通道中的数据类型，第2个参数用于设置缓冲区的大小。当缓冲区已满或没有数据时，有缓冲区通道与无缓冲区通道是类似的。如图11-5所示的有缓冲区通道缓冲区大小为3，如果通道中没有数据，协程2会被阻塞，待通道中有数据时，协程2才接收数据；如果通道已经满，协程1会被阻塞，待通道有空间时才发送数据。

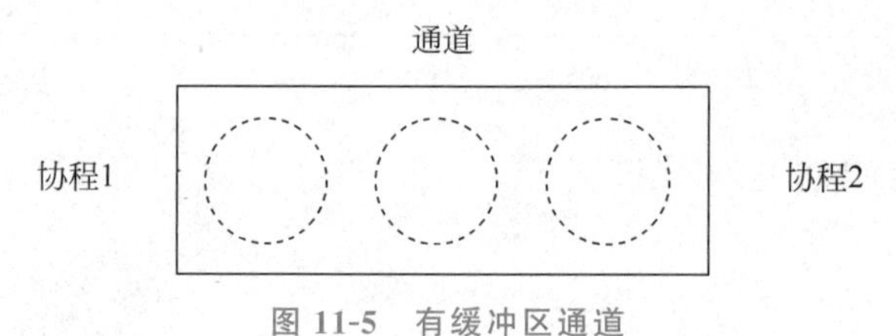

图11-5 有缓冲区通道

有缓冲区通道示例代码如下：

```go
// 11.4.2 有缓冲区通道

package main

import "fmt"

func main() {
    // 创建缓冲区大小为2的通道
    ch := make(chan int, 2)
    // 向缓冲区发送数据
    ch <- 1
    ch <- 3

    // 从缓冲区接收数据
    fmt.Println(<-ch)
    fmt.Println(<-ch)
    // 缓冲区已经没有数据,再次接收则阻塞协程
    fmt.Println(<-ch)
}
```

上述代码首先创建缓冲区大小为2的通道，然后向通道发送两个数据，最后再从缓冲区中接收数据。如果缓冲区已经没有数据了，再次接收数据则会阻塞协程。

11.5 使用 select 语句

Go 语言提供了 select 语句，用于等待多个通道操作。select 语句可同时等待多个通道发送或接收数据。

select 语法类似于 switch 语句，语法结构如下：

```
select {
    case 通道 1:
        语句组 1
    case 通道 2:
        语句组 2
    case 通道 3:
        语句组 3
    ...
    case 通道 n:
        语句组 n
    default:
        语句组 n + 1
}
```

11.5.1 基本的 select 用法

select 语句有很多用法，下面介绍最基本的 select 语句用法，示例代码如下：

```
// 11.5.1 基本的 select 用法
package main

import (
    "fmt"
    "time"
)

func main() {
    //声明两个通道 c1 和 c2
    c1 := make(chan string)
    c2 := make(chan string)

    // 协程处理匿名函数
    go func() {
        // 休眠 1s
        time.Sleep(1 * time.Second)
        // 发送数据
        c1 <- "one"
    }()
    // 协程处理匿名函数
    go func() {
        // 休眠 2s
```

```
        time.Sleep(2 * time.Second)
        // 发送数据
        c2 <- "two"
    }()

    // 循环遍历从通道中接收数据
    for i := 0; i < 2; i++{
        select {
        // 从 c1 通道接收数据
        case msg1 := <-c1:
            fmt.Println("received", msg1)
        // 从 c2 通道接收数据
        case msg2 := <-c2:
            fmt.Println("received", msg2)
        }
    }
}
```

上述代码创建两个通道，然后循环遍历，从通道中接收数据。上述示例代码运行结果如下：

```
received one
received two
```

11.5.2 默认分支

在 select 语句中，如果所有分支都无法执行，将执行语句中的默认分支，通常用于防止 select 语句阻塞进程。使用默认分支的示例代码如下：

```
// 11.5.2 默认分支
package main

import (
    "fmt"
    "time"
)

func process(ch chan string) {
    time.Sleep(5 * time.Second)
    ch <- "Hello World."                    ①
}

func main() {
    ch := make(chan string)
    // 启动协程
    go process(ch)
    // 遍历并从通道中取数据
    for {                                   ②
        time.Sleep(1 * time.Second)
        select {
```

```
            case v := <- ch:
                fmt.Println("接收数据:", v)
                return
            default:
                fmt.Println("没有数据接收.")              ③
            }
        }
    }
```

上述代码第①行在协程中向通道发送字符串；代码第②行通过 for 循环一直从通道取数据，如果数据没有准备好，则会进入默认分支，而不会造成程序阻塞。上述示例代码运行结果如下：

```
没有数据接收。
没有数据接收。
没有数据接收。
没有数据接收。
接收数据: Hello World.
```

11.6　动手练一练

选择题

(1) 下列说法中正确的是(　　)。

A. 进程包含线程　　B. 线程包含协程

C. 无缓冲区通道中的通信是同步的　　D. 有缓冲区通道中的通信是异步的

(2) 同时创建三个协程 a、b、c，它们执行的顺序是(　　)。

A. 按队列顺序　　B. 按堆栈顺序

C. 按 b→a→c 的顺序执行　　D. 不确定

(3) 要实现两个 goroutine 的同步通信，可以使用(　　)。

A. 无缓冲区通道　　B. 容量为 0 的有缓冲区通道

C. 容量为 1 的有缓冲区通道　　D. 以上都对

(4) 已知 ch 为一个双向通道，(　　)可用于从 ch 通道读取数据。

A. <-ch　　B. ch <-

C. chan <-int(ch)　　D. <-chan int(ch)

(5) 已知 ch 为一个双向通道，(　　)可用于向 ch 通道发送数据。

A. <-ch　　B. ch <-

C. chan <-int(ch)　　D. <-chan int(ch)

第 12 章

正则表达式

正则表达式(Regular Expression,通常简写为 regex、regexp、RE 或 re)是预先定义好的规则字符串,通过这个规则字符串可以匹配、查找、分割和替换那些符合规则的文本。

虽然文本的这些操作可通过字符串提供的函数实现,但是实现起来极为困难,运算效率也很低。而使用正则表达式实现这些功能会比较简单,效率也很高,唯一的困难之处在于编写合适的正则表达式。

正则表达式应用非常广泛,如数据挖掘、数据分析、网络爬虫、输入有效性验证等,本章介绍的正则表达式与其他语言中的正则表达式是通用的。

微课视频

12.1 使用 regexp 包

Go 语言中有一个用于正则表达式的内置包——regexp,其中提供了很多正则表达式处理所需要的函数,最常用的是 MatchString()函数,该函数用于匹配字符串。MatchString()函数语法格式如下:

```
func MatchString(expr string, s string) (matched bool, err error)
```

该函数有两个返回值,其中 matched 是匹配结果,是布尔值,值为 true 表示匹配成功,值为 false 则表示匹配失败;err 是错误信息。参数 expr 是正则表达式,s 是要匹配的字符串。

使用 MatchString()函数示例代码如下:

```
// 12.1 使用 regexp 包
package main
import (
	"fmt"
	"regexp"                                                    ①
)

func main() {
	// 声明目标字符串
	text1 := "我的邮箱是:tony_guan588@zhijieketang.com."
	text2 := "我的另外一个邮箱是:Tony's email is eorient@sina.com"

	// 采用原始字符串表示正则表达式
	pattern := `\w+@zhijieketang\.com`                            ②
	match1, err1 := regexp.MatchString(pattern, text1)          ③
	fmt.Println("Match1: ", match1, " Error: ", err1)

	match2, _ := regexp.MatchString(pattern, text2)             ④
	fmt.Println("Match2: ", match2)

}
```

上述代码第①行引入正则表达式包 regexp。代码第②行声明正则表达式,该正则表达式是验证域名为 zhijieketang.com 的邮箱的正则表达式。注意,该正则表达式是采用原始字符串表示的。代码第③行使用 MatchString()函数验证 text1 字符串是否与正则表达式匹配,即字符串 text1 中是否包含以@zhijieketang.com 结尾的邮箱。代码第④行验证 text2 字符串与正则表达式不匹配,这里没有取出 err 变量。上述代码运行结果如下:

```
Match1: true Error: <nil>
Match2: false
```

12.2 编译正则表达式

微课视频

为了提高效率,还可以对正则表达式进行编译。编译后的正则表达式可以重复使用,这样能减少正则表达式的解析和验证步骤,提高效率。

在 regexp 包中提供了 Compile()函数和 MustCompile()函数,可以编译正则表达式。Compile()函数语法格式如下:

```
func Compile(expr string) (*Regexp, error)
```

其中,expr 是正则表达式,返回值有两个,第一个返回值 *Regexp 是编译后的正则表达式结构体 Regexp 的实例；第二个返回值为 error，如果正则表达式无效，则 error 非空；如果正则表达式有效，则 error 为空。

MustCompile()函数与 Compile()函数类似，区别在于：正则表达式无效时，Compile()函数返回错误，而 MustCompile()函数则引发进入宕机状态。MustCompile()函数语法格式如下：

```
func MustCompile(str string) *Regexp
```

其中，参数 str 是正则表达式，函数返回编译后的正则表达式实例。

编译正则表达式示例代码如下：

```
// 12.2 编译正则表达式

package main

import (
	"fmt"
	"regexp"
)

func main() {
	// 声明目标字符串
	text1 := "我的邮箱是:tony_guan588@zhijieketang.com."
	text2 := "我的另外一个邮箱是:Tony's email is eorient@sina.com"

	// 采用原始字符串表示正则表达式
	pattern := `\w+@zhijieketang\.com`
	// 编译正则表达式
	re1, _ := regexp.Compile(pattern)                 ①
	// 用来返回第一个匹配的结果,如果没有匹配的字符串,则返回一个空字符串
	fmt.Println(re1.FindString(text1))                ②
	// 编译正则表达式
	var re2 = regexp.MustCompile(pattern)             ③
	fmt.Println(re2.FindString(text2)) // 返回空字符串  ④
}
```

上述代码第①行和第②行编译正则表达式；代码第③行和第④行都是使用正则表达式 regexp 的 FindString()函数，参数是要匹配的目标字符串，返回值是匹配成功的字符串。上述代码执行结果如下：

```
tony_guan588@zhijieketang.com
```

微课视频

12.3 编写正则表达式

正则表达式本质上是一种字符串，正则表达式字符串是由元字符(Metacharacters)和普通字符组成的。

(1) 元字符：元字符是预先定义好的特定字符，图 12-1 中标号为❶的字符（“\w+”和“\.”）都属于元字符。

(2) 普通字符：普通字符是按照字符字面意义表示的字符。图 12-1 是验证域名为 zhijieketang.com 的邮箱的正则表达式，其中标号为❷的字符（@zhijieketang 和 com）都属于普通字符，这里它们都表示字符的字面意义。

图 12-1 验证的邮箱的正则表达式

12.3.1 元字符

元字符是用来描述其他字符的特殊字符，由基本元字符和普通字符构成。主要的基本元字符有 14 个，如表 12-1 所示。

表 12-1 主要的基本元字符

字 符	说 明
\	转义符，表示转义
.	表示任意一个字符
+	表示重复一次或多次
*	表示重复 0 次或多次
?	表示重复 0 次或一次
|	选择符号，表示“或关系”，例如：A|B 表示匹配 A 或 B
{	定义量词
}	定义量词
[	定义字符类
]	定义字符类
(	定义分组
)	定义分组
^	可以表示取反，或匹配一行的开始
$	匹配一行的结束

图 12-1 中，“\w+”元字符由两个基本元字符（“\”“+”）和一个普通字符 w 构成，“\.”元字符由两个基本元字符“\”和“.”构成。

某种意义上讲，学习正则表达式就是在学习元字符的使用，元字符是正则表达式的重点，也是难点。

12.3.2 字符转义

在正则表达式中有时也需要字符转义，例如，“\w+@zhijieketang\.com”中的“\w”表示任意语言的单词字符（如英文字母、亚洲文字等）、数字和下画线等内容。其中反斜线“\”也是基本元字符，与 Go 语言中的字符转义是类似的。

不仅可以对普通字符进行转义，还可以对基本元字符进行转义，例如，基本元字符点“.”表示任意一个字符，而转义后的点“\.”则表示“.”的字面意义。所以正则表达式“\w+@

zhijieketang\.com”中的“\.com”表示匹配.com域名。

12.3.3 使用元字符示例：匹配开始与结束字符

基本元字符“^”和“$”可以用于匹配一行字符串的开始和结束。当正则表达式以“^”开始时，则从字符串的起始位置开始匹配；当正则表达式以“$”结束时，则从字符串的结束位置开始匹配。所以正则表达式“\w+@zhijieketang\.com”和“^\w+@zhijieketang\.com$”是不同的。

示例代码如下：

```
// 12.3.3 使用元字符示例:匹配开始与结束字符

package main

import (
	"fmt"
	"regexp"
)

// 采用原始字符串表示正则表达式
const pattern = `^\w+@zhijieketang\.com$`                        ①

func main() {
	// 声明目标字符串
	text := "Tony's email is tony_guan588@zhijieketang.com."
	email := "tony_guan588@zhijieketang.com"

	match1, _ := regexp.MatchString(pattern, text)           ②
	fmt.Println("Match1: ", match1)           //false

	match2, _ := regexp.MatchString(pattern, email)          ③
	fmt.Println("Match2: ", match2)           // true

}
```

上述代码第①行定义正则表达式，注意该正则表达式的开头和结尾字符；代码第②行测试text字符串是否与正则表达式匹配；代码第③行测试email字符串是否与正则表达式是否匹配。上述代码执行结果如下：

```
Match1: false
Match2: true
```

微课视频

12.3.4 字符类

正则表达式中可以使用字符类(Character class)，一个字符类定义一组字符集合，字符集合中任一字符出现在输入字符串中即匹配成功。注意，每次只能匹配字符类中的一个字符。

定义字符类需要使用元字符“[”和“]”，例如，想在输入字符串中匹配"Golang"或"golang"，可以使用正则表达式[Gg]olang，示例代码如下：

```
// 12.3.4 字符类

package main

import (
	"fmt"
	"regexp"
)

// 正则表达式
const pattern = `[Gg]olang`

func main() {
	// 声明目标字符串
	text1 : = "I like Golang and Python. "
	text2 : = "I like golang and Python. "
	text3 : = "I like GOLANG and Python. "

	match1, _ : = regexp. MatchString(pattern, text1)
	fmt. Println("Match1: ", match1)                //true

	match2, _ : = regexp. MatchString(pattern, text2)
	fmt. Println("Match2: ", match2)                //true

	match3, _ : = regexp. MatchString(pattern, text3)          ①
	fmt. Println("Match3: ", match3)                //false
}
```

上述代码第①行中"GOLANG"字符串不匹配正则表达式[Gg]olang，但匹配其他两个正则表达式。

12.3.5　字符类取反

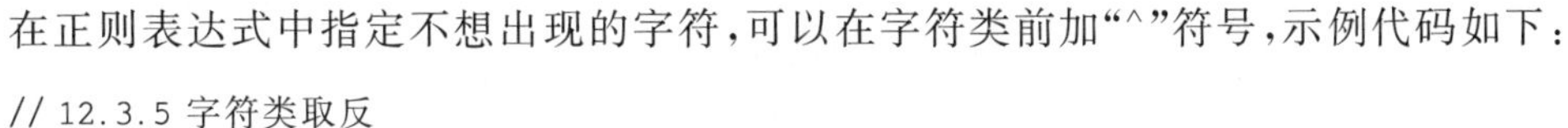
在正则表达式中指定不想出现的字符，可以在字符类前加“^”符号，示例代码如下：

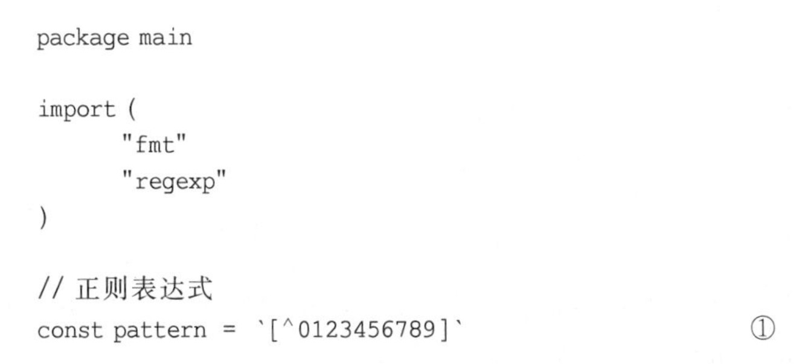

```
// 12.3.5 字符类取反

package main

import (
	"fmt"
	"regexp"
)

// 正则表达式
const pattern = `[^0123456789]`                ①
```

```
func main() {
	// 声明目标字符串
	text1 := "1000"
	text2 := "Golang 1.19"

	// 编译正则表达式
	var re = regexp.MustCompile(pattern)
	fmt.Println(re.FindString(text1))      // 打印空
	fmt.Println(re.FindString(text2))      // 打印 G
}
```

上述代码第①行定义正则表达式[^0123456789]，表示输入字符串中出现非 0～9 的数字即匹配，也就是说，出现[0123456789]以外的任意一字符即匹配。

微课视频

12.3.6 区间

12.3.5 节示例中的[^0123456789]正则表达式有些麻烦，事实上，这种连续的数字可以使用区间表示。区间是用连字符“-”表示的，如[0123456789]采用区间表示为[0-9]，[^0123456789]采用区间表示为[^0-9]。区间还可以表示连续的英文字母字符类，例如[a-z]表示所有小写字母字符类，[A-Z]表示所有大写字母字符类。

另外，也可以表示多个不同区间，[A-Za-z0-9]表示所有字母和数字字符类，[0-25-7]表示 0、1、2、5、6、7 几个字符组成的字符类。

示例代码如下：

```
// 12.3.6 区间

package main

import (
	"fmt"
	"regexp"
)

func main() {
	// 编译正则表达式
	var re = regexp.MustCompile(`[A-Za-z0-9]`)
	fmt.Println(re.FindString("A10.3"))      //打印 A

	re = regexp.MustCompile(`[0-5-7]`)
	fmt.Println(re.FindString("A3489C"))     // 打印空
}
```

微课视频

12.3.7 预定义字符类

有些字符类很常用，如[0-9]等。为了书写方便，正则表达式提供了预定义字符类，如预定义字符类\d 等价于[0-9]字符类。预定义字符类如表 12-2 所示。

表 12-2　预定义字符类

字　　符	说　　明
.	匹配任意一个字符
\\	匹配反斜线\字符
\n	匹配换行
\r	匹配回车
\f	匹配一个换页符
\t	匹配一个水平制表符
\v	匹配一个垂直制表符
\s	匹配一个空格符,等价于[\t\n\r\f\v]
\S	匹配一个非空格符,等价于[^\s]
\d	匹配一个数字字符,等价于[0-9]
\D	匹配一个非数字字符,等价于[^0-9]
\w	匹配任意单词字符,等价于[a-zA-Z0-9_]
\W	等价于[^\w]

示例代码如下:

```
// 12.3.7 预定义字符类

package main

import (
	"fmt"
	"regexp"
)

func main() {

	text : = "Abcd1000"
	// 编译正则表达式
	re : = regexp.MustCompile(`\D`)
	fmt.Println(re.FindString(text)) //A
}
```

12.3.8　使用量词

之前学习的正则表达式元字符只能匹配显示一次字符或字符串,如果想匹配显示多次字符或字符串,则可以使用量词。

量词表示字符或字符串重复的次数,正则表达式中的量词如表 12-3 所示。

表 12-3　正则表达式中的量词

字符	说　　明	字符	说　　明
?	出现 0 次或一次	{n}	出现 n 次
*	出现 0 次或多次	{n,m}	至少出现 n 次,但不超过 m 次
+	出现 1 次或多次	{n,}	至少出现 n 次

使用量词示例代码如下：

```
// 12.3.8 使用量词

package main

import (
	"fmt"
	"regexp"
)

func main() {
	// 编译正则表达式
	var re = regexp.MustCompile(`\d?`)
	//出现数字 1 次
	fmt.Println(re.FindString("87654321"))                // 打印字符 8
	// 出现数字 0 次
	fmt.Println(re.FindString("ABC"))                     // 打印空
	// 编译正则表达式
	re = regexp.MustCompile(`\d*`)
	// 出现数字 0 次
	fmt.Println(re.FindString("ABC"))                     // 打印空

	// 出现数字多次
	fmt.Println(re.FindString("87654321"))                // 87654321
	// 编译正则表达式
	re = regexp.MustCompile(`\d+`)
	// 出现数字多次
	fmt.Println(re.FindString("87654321"))                // 87654321
	fmt.Println(re.FindString("ABC"))                     // 打印空
	// 编译正则表达式
	re = regexp.MustCompile(`\d{8}`)
	// 出现数字 8 次
	fmt.Println(re.FindString("87654321"))                // 87654321
	fmt.Println(re.FindString("ABC"))                     // 打印空

	// 编译正则表达式
	re = regexp.MustCompile(`\d{7,8}`)
	// 出现数字 8 次
	fmt.Println(re.FindString("87654321"))                // 87654321
	fmt.Println(re.FindString("ABC"))                     // 打印空
	// 编译正则表达式
	re = regexp.MustCompile(`\d{9,}`)
	fmt.Println(re.FindString("87654321"))                //打印空

}
```

12.3.9　贪婪量词和懒惰量词

量词还可以细分为贪婪量词和懒惰量词，贪婪量词会尽可能多地匹配字符，懒惰量词会尽可能少地匹配字符。Go 语言中的正则表达式量词默认是贪婪量词，要想使用懒惰量词，则需要在量词后面加“?”。

示例代码如下：

```
// 12.3.9 贪婪量词和懒惰量词

package main

import (
	"fmt"
	"regexp"
)

func main() {
	text := "87654321"

	// 使用贪婪量词
	re1, _ := regexp.Compile(`\d{5,8}`)                ①
	fmt.Println(re1.FindString(text)) // 打印 87654321

	// 使用懒惰量词
	re2, _ := regexp.Compile(`\d{5,8}?`)               ②
	fmt.Println(re2.FindString(text)) // 打印 87654
}
```

上述代码第①行使用了贪婪量词{5,8}，输入字符串"87654321"是长度为 8 位的数字字符串，尽可能多地匹配字符的结果是"87654321"。代码第②行使用懒惰量词{5,8}?，输入字符串"87654321"是长度为 8 位的数字字符串，尽可能少地匹配字符的结果是"87654"。

12.3.10　定义分组

之前学习的量词只能重复显示一个字符，如果想让一个字符串作为整体使用量词，则需要对整体字符串进行分组，分组的字符串也称子表达式。

定义正则表达式分组，需要将字符串放到一对小括号中，示例代码如下：

```
// 12.3.10 定义分组

package main

import (
	"fmt"
	"regexp"
)
```

```
func main() {
        text := "121121abcabc"
        // 编译正则表达式
        var re = regexp.MustCompile(`(121){2}`)          ①
        fmt.Println(re.FindString(text)) // 打印 121121
}
```

上述代码第①行的正则表达式中,(121)表示将"121"字符串分为一组,(121){2}表示对"121"字符串重复两次,即"121121"。

12.4 regexp 包的高级功能

regexp 包不仅提供了一些正则表达式的基本功能,如匹配和查找,还提供了一些高级功能,如字符串分割和替换等。

微课视频

12.4.1 字符串分割

regexp 包提供的 Split()函数可实现字符串分割,并返回分割后的符串切片,它的语法格式如下:

```
func (re *Regexp) Split(pattern string, n int) []string
```

其中,参数 pattern 是正则表达式;参数 n 是返回的子字符数量。n 的含义比较复杂,分为如下几种情况:

(1) n>0,表示最多返回 n 个子字符串。

(2) n=1,不执行正则表达式操作,返回原始字符串。

(3) n=0,表示不返回任何子字符串。

(4) n<0,返回所有子字符串。

字符串分割示例代码如下:

```
// 12.4.1 字符串分割

package main

import (
        "fmt"
        "regexp"
)

func main() {
        p := `\d+`
        text := "AB12CD34EF"

        // 编译正则表达式
        var re = regexp.MustCompile(p)
```

```
    fmt.Println(re.Split(text, -1))   // [AB CD EF]
    fmt.Println(re.Split(text, 0))    // []
    fmt.Println(re.Split(text, 1))    // [AB12CD34EF]
    fmt.Println(re.Split(text, 2))    // [AB CD34EF]
    fmt.Println(re.Split(text, 3))    //[AB CD EF]
    fmt.Println(re.Split(text, 4))    //[AB CD EF]
}
```

上述代码调用 split()函数,通过数字对"AB12CD34EF"字符串进行分割,\d+正则表达式匹配 1~n 个数字,打印结果[AB CD EF]表示字符串切片。其他分割结果这里不再赘述。

12.4.2 字符串替换

微课视频

字符串替换使用 regexp 包的 ReplaceAllString()函数,该函数用于替换所有匹配的子字符串,返回值是替换之后的字符串。ReplaceAllString()函数语法格式如下:

```
func (re *Regexp) ReplaceAllString(src, repl string) string
```

其中,参数 src 是待替换的字符串;参数 repl 是用于替换的字符串。该函数返回替换后的字符串。

示例代码如下:

```
// 12.4.2 字符串替换

package main

import (
    "fmt"
    "regexp"
)

func main() {
    p := `\d+`
    text := "AB12CD34EF"

    // 编译正则表达式
    var re = regexp.MustCompile(p)
    repace_text := re.ReplaceAllString(text, " ")          ①
    fmt.Println(repace_text) //打印 AB CD EF
    repace_text = re.ReplaceAllString(text, "|")           ②
    fmt.Println(repace_text) //打印 AB|CD|EF
}
```

上述代码第①行使用空格" "替换字符串"AB12CD34EF"中的数字,代码第②行使用"|"替换"AB12CD34EF"字符串中的数组。

12.5 动手练一练

1. 选择题

(1) 下列哪些正则表达式能匹配 0～5 的数字？(　　)

A. `[0-5]`　　B. "[0-5]"　　C. '[0-5]'　　D. '''[0-5]'''

(2) 表示区间的元字符是(　　)。

A. .　　B. $　　C. ^　　D. -

2. 简答题

(1) 请简述 MustCompile()函数与 Compile()函数的区别。

(2) 请简述贪婪量词和懒惰量词的区别。

第 13 章 访问目录和文件

程序经常需要访问目录和文件,读取文件信息或将信息写入文件。本章先介绍目录管理,然后再介绍文件管理。

13.1 目录管理

目录管理非常重要,本节将介绍 Go 语言如何创建目录、删除目录和重命名目录。

13.1.1 创建目录

Go 官方提供了内置的 os 包,os 包提供了一些独立于平台的与操作系统相关的接口,其中创建目录的函数是 Mkdir(),Mkdir()函数语法格式如下:

```
func Mkdir(name string, perm FileMode) error
```

其中,参数 name 是要创建的目录名;perm 是打开文件模式,即访问文件的权限。常用的文件权限有以下几种:

(1) 0600：只有拥有者才有读、写权限。

(2) 0644：只有拥有者才有读权限和写权限，而属组用户和其他用户只有读权限。

(3) 0700：只有拥有者才有读、写、执行权限。

(4) 0755：拥有者有读、写、执行权限，而属组用户和其他用户只有读权限和执行权限。

(5) 0711：拥有者有读、写、执行权限，而属组用户和其他用户只有执行权限。

(6) 0666：所有用户都有读权限和写权限。

(7) 0777：所有用户都有读、写、执行权限。

创建目录示例代码如下：

```
// 13.1.1 创建目录
package main

import (
	"fmt"
	"os"
)
func main() {
	err := os.Mkdir("subdir", 0755)          ①
	fmt.Println(err)
```

上述代码第①行通过 os.Mkdir()函数在当前目录下创建 subdir 子目录，其中 0755 是打开文件模式。上述示例运行结果为在当前目录下创建一个 subdir 子目录。

微课视频

13.1.2 删除目录

删除目录可以通过 os 包提供的 RemoveAll()函数实现，该函数可以删除指定目录下的所有内容。RemoveAll()函数语法格式如下：

```
func RemoveAll(path string) error
```

其中，参数 path 是要删除的目录路径。

删除目录示例代码如下：

```
// 13.1.2 删除目录
package main

import (
	"fmt"
	"os"
)

func main() {
	// 删除目录
	err := os.RemoveAll("subdir")          ①
	fmt.Println(err)
}
```

上述代码第①行通过 os.RemoveAll()函数删除当前目录下 subdir 文件夹中的所有子

目录和文件。

13.1.3 重命名目录

重命名目录可以通过 os 包提供的 Rename()函数实现，该函数不仅可以用于重命名目录，还可以用于重命名和移动文件。Rename()函数语法格式如下：

```
func Rename(oldpath, newpath string) error
```

其中，参数 oldpath 是旧目录路径，newpath 是新目录路径。

重命名目录示例代码如下：

```
// 13.1.3 重命名目录
package main

import (
    "fmt"
    "os"
)

func main() {
    oldName := "subdir"
    newName := "子目录"
    _, err := os.Stat(oldName)  // 返回描述文件信息              ①
    if os.IsNotExist(err) {                                     ②
        fmt.Println("目录不存在!")
    } else {
        err := os.Rename(oldName, newName)                      ③
        if err != nil {
            fmt.Println("重新命名失败!")
        } else {
            fmt.Println("重新命名成功!")
        }
    }
}
```

上述代码第①行 os.Stat()函数返回描述文件信息；代码第②行通过 os.IsNotExist()函数判断文件不存在，其中参数 err 是从 os.Stat()函数返回的；代码第③行通过 os.Rename()函数将当前目录下的 subdir 目录重新命名为“子目录”。

13.2 文件管理

Go 官方提供了内置的 path/filepath 包，该包提供了一些解析和构建文件路径的函数。

13.2.1 获取文件名

path/filepath 包中提供了 Base()函数用于从路径中解析出文件名，该函数语法格式如下：

```
func Base(path string) string
```

其中，参数 path 是要解析的文件路径，它返回路径的最后一个元素，在提取元素前会截掉末尾的斜线，如果路径是" "，则会返回"."，如果路径只有一个斜线构成则返回"/"。

使用 Base()函数获取文件名示例代码如下：

```
// 13.2.1 获取文件名
package main

import (
    "fmt"
    "path/filepath"
)

func main() {
    fmt.Println(filepath.Base("/foo/bar/abc.go"))       //abc.go
    fmt.Println(filepath.Base("/foo/bar/abc"))          //abc
    fmt.Println(filepath.Base("/foo/bar/abc/"))         //abc
    fmt.Println(filepath.Base("abc.txt"))               //abc.txt
    fmt.Println(filepath.Base("../abc.txt"))            //abc.txt
    fmt.Println(filepath.Base(".."))                    //..
    fmt.Println(filepath.Base("."))                     //.
    fmt.Println(filepath.Base("/"))                     //\
    fmt.Println(filepath.Base(""))                      //.
}
```

微课视频

13.2.2 获取目录名

获取文件所在的目录名使用函数 Dir()，该函数语法格式如下：

```
func Dir(path string) string
```

其中，参数 path 是要解析的文件路径。

使用 Dir()函数获取目录名示例代码如下：

```
// 13.2.2 获取目录名

package main

import (
    "fmt"
    "path/filepath"
)

func main() {
    fmt.Println(filepath.Dir("/foo/bar/abc.go"))        // \foo\bar
    fmt.Println(filepath.Dir("/foo/bar/abc"))           // \foo\bar
    fmt.Println(filepath.Dir("/foo/bar/abc/"))          // \foo\bar\abc
```

```
    fmt.Println(filepath.Dir("abc.txt"))                //.
    fmt.Println(filepath.Dir("../abc.txt"))             //..
    fmt.Println(filepath.Dir(".."))                     //.
    fmt.Println(filepath.Dir("."))                      //.
    fmt.Println(filepath.Dir("/"))                      //\
    fmt.Println(filepath.Dir(""))                       //.
}
```

13.2.3　获取文件扩展名

从路径中解析出文件名扩展名使用 Ext()函数，该函数语法格式如下：

```
func Ext(path string) string
```

其中，参数 path 是要解析的文件路径。

使用 Ext()函数示例代码如下：

```
// 13.2.3 获取文件扩展名

package main

import (
    "fmt"
    "path/filepath"
)

func main() {
    fmt.Println(filepath.Ext("/foo/bar/abc.go"))        // .go
    fmt.Println(filepath.Ext("/foo/bar/abc"))           // 返回空
    fmt.Println(filepath.Ext("/foo/bar/abc/"))          // 返回空
    fmt.Println(filepath.Ext("abc.txt"))                //.txt
    fmt.Println(filepath.Ext("../abc.txt"))             //.txt
}
```

13.2.4　连接路径

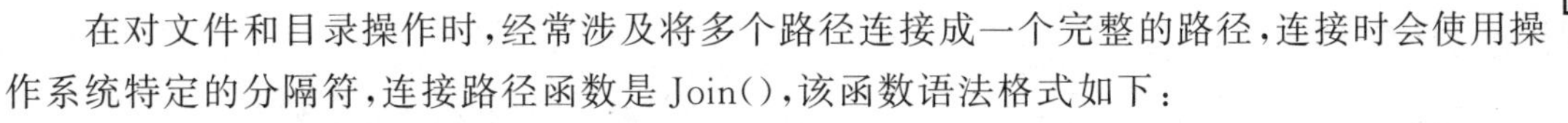

在对文件和目录操作时，经常涉及将多个路径连接成一个完整的路径，连接时会使用操作系统特定的分隔符，连接路径函数是 Join()，该函数语法格式如下：

```
func Join(elem ...string) string
```

其中，Join 是可变参函数，参数 elem 的数量是可变的。

使用 Join()函数连接路径示例代码如下：

```
// 13.2.4 连接路径

package main

import (
    "fmt"
```

```
    "path/filepath"
)

func main() {
    fmt.Println(filepath.Join("abc", "def", "xyz"))
    fmt.Println(filepath.Join("abc", "def/xyz"))
    fmt.Println(filepath.Join("abc/mfk", "xyz"))
    fmt.Println(filepath.Join("abc/mfk", "/xyz")
    fmt.Println(filepath.Join("abc/mfk", "../../../abc"))
}
```

上述代码在 Windows 系统中的执行结果如下：

```
abc\def\xyz
abc\def\xyz
abc\mfk\xyz
abc\mfk\xyz
..\abc
```

提示 Linux 和 UNIX 操作系统中连接路径的分隔符是斜线“/”，而 Windows 操作系统中是反斜线“\”。

微课视频

13.2.5 分割路径

分割路径使用 Split()函数，该函数可以将路径分割为文件和文件所在目录两部分，语法格式如下：

```
func Split(path string) (dir, file string)
```

Split()函数返回两个值，其中第一个返回值 dir 是文件所在目录，第二个返回值是文件名。

使用 Split()函数分割路径示例代码如下：

```
// 13.2.5 分割路径

package main

import (
    "fmt"
    "path/filepath"
)

func main() {
    paths := []string{                          ①
        "/home/arnie/abc.jpg",
        "/mnt/photos/",
        `C:\Users\tony\GolandProjects\awesomeProject1\abc.go`,
    }
```

```
    for _, myPath := range paths {                 ②
        dir, file := filepath.Split(myPath)        ③
        fmt.Printf("input: %s\n\tdir: %s\n\tfile: %s\n", myPath, dir, file)
    }
}
```

上述代码第①行声明包含多个路径的字符串切片变量 paths，代码第②行遍历 paths 切片，代码第③行使用 Split()函数分割路径。

上述代码执行结果如下：

```
input: "/home/arnie/abc.jpg"
        dir: "/home/arnie/"
        file: "abc.jpg"
input: "/mnt/photos/"
        dir: "/mnt/photos/"
        file: ""
input: "C:\\Users\\tony\\GolandProjects\\awesomeProject1\\abc.go"
        dir: "C:\\Users\\tony\\GolandProjects\\awesomeProject1\\"
        file: "abc.go"
```

13.2.6 查找文件

微课视频

在对文件和目录操作时，经常涉及从目录中找出符合条件的文件，这时可以使用 Glob()函数，该函数语法格式如下：

```
func Glob(pattern string) (matches []string, err error)
```

其中，matches 是匹配模式字符串切片，模式中可以使用通配符"*"或"?"，"*"匹配多个字符，而"?"匹配一个字符。

使用 Glob()函数示例代码如下：

```
// 13.2.6 查找文件

package main

import (
    "fmt"
    "path/filepath"
)

func main() {

    // 获得 data 文件夹所在绝对路径
    abs_fname, _ := filepath.Abs("./data")          ①
    // 拼接文件路径
    fname2 := filepath.Join(abs_fname, "/*.docx")
    // 查找文件
    files, _ := filepath.Glob(fname2)               ②
```

```
    // 遍历查找出的文件
    for _, fname3 := range files {
        fmt.Println(fname3)
    }
}
```

上述代码实现了从当前 data 文件夹中查找.docx 文件，data 文件夹中的内容如图 13-1 所示。代码第①行通过 Abs()函数获得 data 文件夹所在的绝对路径，代码第②行通过 Glob()函数返回符合条件的文件路径切片。

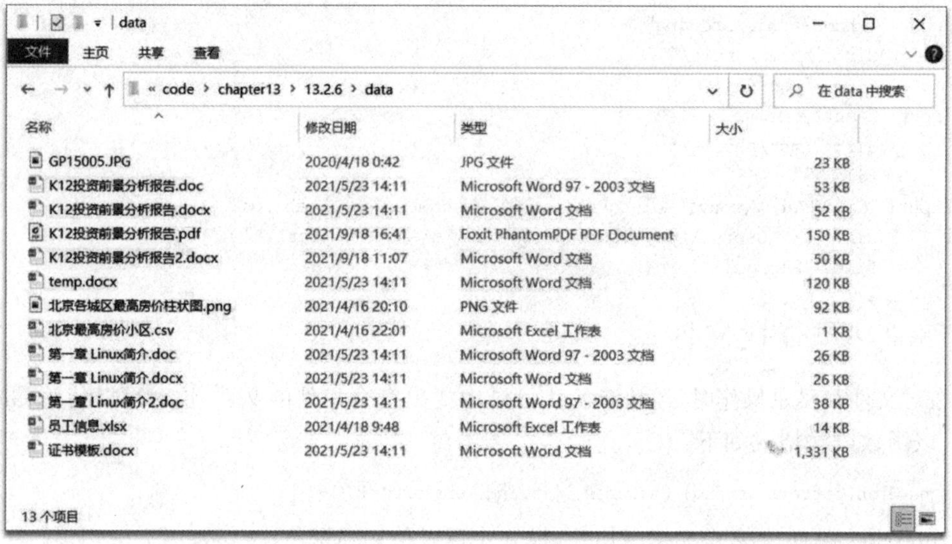
data
文件
主页
共享
查看
code
chapter13
13.2.6
data
在 data 中搜索
名称
修改日期
类型
大小
GP15005.JPG 2020/4/18 0:42 JPG 文件 23 KB
K12投资前景分析报告.doc 2021/5/23 14:11 Microsoft Word 97 - 2003 文档 53 KB
K12投资前景分析报告.docx 2021/5/23 14:11 Microsoft Word 文档 52 KB
K12投资前景分析报告.pdf 2021/9/18 16:41 Foxit PhantomPDF PDF Document 150 KB
K12投资前景分析报告2.docx 2021/9/18 11:07 Microsoft Word 文档 50 KB
temp.docx 2021/5/23 14:11 Microsoft Word 文档 120 KB
北京各城区最高房价柱状图.png 2021/4/16 20:10 PNG 文件 92 KB
北京最高房价小区.csv 2021/4/16 22:01 Microsoft Excel 工作表 1 KB
第一章 Linux简介.doc 2021/5/23 14:11 Microsoft Word 97 - 2003 文档 26 KB
第一章 Linux简介.docx 2021/5/23 14:11 Microsoft Word 文档 26 KB
第一章 Linux简介2.doc 2021/5/23 14:11 Microsoft Word 97 - 2003 文档 38 KB
员工信息.xlsx 2021/4/18 9:48 Microsoft Excel 工作表 14 KB
证书模板.docx 2021/5/23 14:11 Microsoft Word 文档 1,331 KB
13 个项目

图 13-1 data 文件夹内容

上述示例代码运行结果如下：

```
C:\Users\tony\OneDrive\书\清华\极简开发者书库\极简 Go：新手编程之道
\code\chapter13\13.2.6\data\K12 投资前景分析报告.docx
C:\Users\tony\OneDrive\书\清华\极简开发者书库\极简 Go：新手编程之道
\code\chapter13\13.2.6\data\K12 投资前景分析报告 2.docx
C:\Users\tony\OneDrive\书\清华\极简开发者书库\极简 Go：新手编程之道
\code\chapter13\13.2.6\data\temp.docx
C:\Users\tony\OneDrive\书\清华\极简开发者书库\极简 Go：新手编程之道\code\chapter13\13.2.6\
data\第一章 Linux 简介.docx
C:\Users\tony\OneDrive\书\清华\极简开发者书库\极简 Go：新手编程之道\code\chapter13\13.2.6\
data\证书模板.docx
```

13.3 读取文件

通过程序读取文件内容也是常见的操作，本节介绍如何通过 Go 语言实现文件的读取操作。

13.3.1　读取整个文件

Go 语言提供了丰富的函数用于读取文件。如果文件比较小，则可以使用 os 包中的 ReadFile()函数将整个文件一次性读取到内存中，ReadFile()函数语法格式如下：

```
func ReadFile(name string) ([]byte, error)
```

其中，参数 name 是要读取的文件名；返回值有两个，第一个返回值是字节切片，第二个返回值是错误信息。

下面通过一个示例介绍 ReadFile()函数的使用，该示例从 data 文件夹中读取 build.txt 文件，build.txt 文件内容如图 13-2 所示。

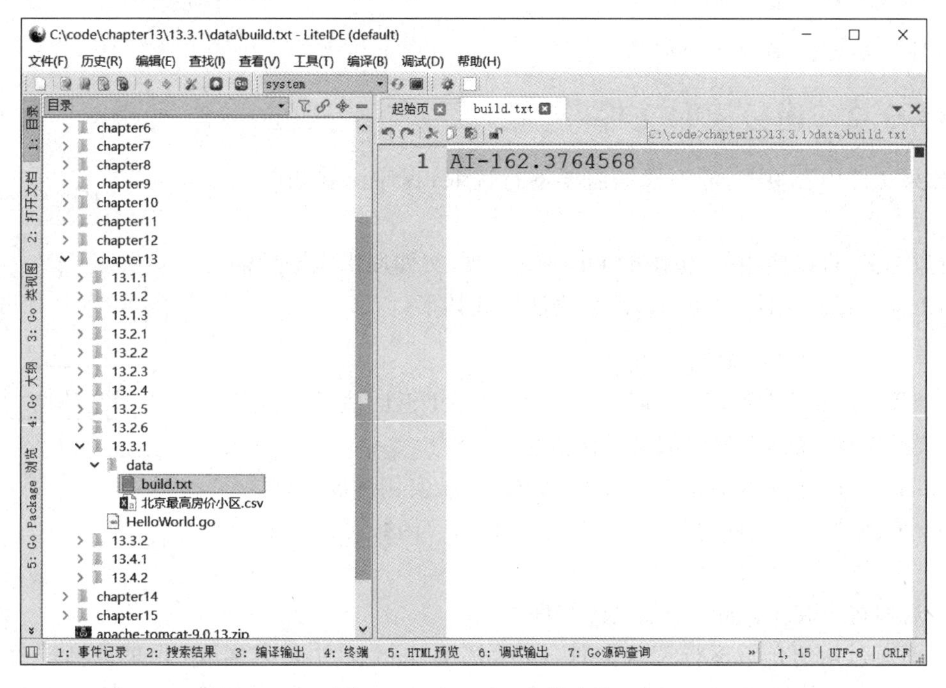

图 13-2　build.txt 文件内容

示例代码如下：

```
// 13.3.1 读取整个文件
package main

import (
	"fmt"
	"os"
)

func main() {
	// 从当前 data 文件夹中的 build.txt 文件读取数据
	contents, err := os.ReadFile("data/build.txt")                ①
```

```
        if err != nil {
            fmt.Println("读文件错误!", err)
            return
        }
        fmt.Println("文件内容:", string(contents))                        ②
}
```

上述代码第①行读取文件，该文件位于当前data文件夹中，这是通过相对路径访问文件。

代码第②行中的string(contents)表达式通过字节切片构建字符串，其中contents是从文件中读取的字节切片。

上述代码执行结果如下：

```
文件内容: AI-162.3764568
```

13.3.2 逐行读取文件

如果文件内容很多，可以根据需要逐行读取，程序流程如图13-3所示。

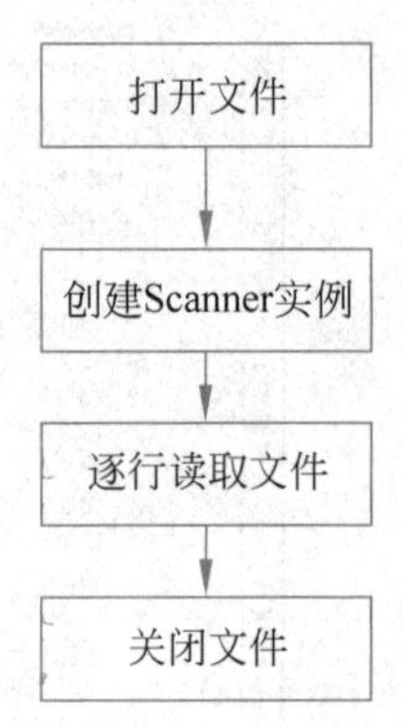

图13-3 逐行读取文件程序流程

打开文件可以使用os包中的Open()函数，文件使用完毕后需要调用Close()函数关闭。Open()函数语法格式如下：

```
func Open(name string) (*File, error)
```

其中，参数name是文件名；返回值有两个，第一个返回值是File类型变量，表示文件，第二个返回值是错误信息。

Open()函数打开文件后还需要使用Scanner实例读取文件内容，Scanner实例是读取文件的接口，使用它的Text()函数可以读取一行数据。

最后通过File.Close()函数关闭文件。

下面通过示例介绍逐行读取文件，该示例从data文件夹中读取"北京最高房价小区.csv"文件，该文件可以使用文本工具打开，也可使用Excel或WPS等电子表格工具打开，如图13-4所示是使用WPS软件打开该文件。

示例代码如下：

```
// 13.3.2 逐行读取文件

package main

import (
        "bufio"
        "fmt"
        "os"
)
```

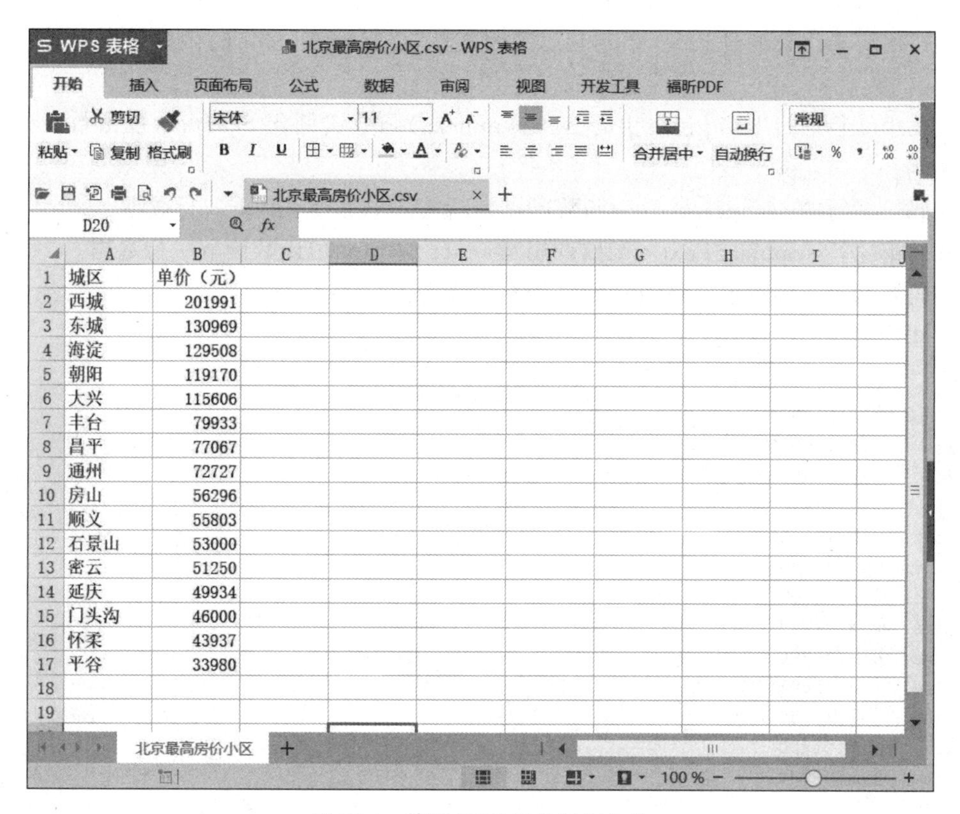

图 13-4　使用 WPS 工具打开文件

```
func main() {
	// 打开文件
	f, err := os.Open("data/北京最高房价小区.csv")
	if err != nil {
	  fmt.Println("读文件错误!", err)
	}
	//延迟关闭文件,main()函数结束前关闭
	defer f.Close()                                    ①

	// 实例化 Scanner
	scanner := bufio.NewScanner(f)                     ②

	// 通过 for 循环语句读取文件
	for scanner.Scan() {                               ③
	  // 读取一行数据
	  fmt.Printf("line: %s\n", scanner.Text())         ④
	}

	if err := scanner.Err(); err != nil {              ⑤
	  fmt.Println("读文件错误!", err)
	}
}
```

上述代码第①行通过 defer 语句延迟关闭文件，以保证在 main()函数结束前关闭打开的文件。

代码第②行通过 bufio 包提供的 NewScanner()函数实例化 Scanner，该函数的参数为文件实例。

代码第③行的 scanner. Scan()函数可以判断文件中是否还有下一行数据。

代码第④行 scanner. Text()函数调用 scanner 的 Text()函数读取一行数据。

代码第⑤行判断读取文件过程中是否发生错误。

上述代码执行结果如下：

```
line: 城区,单价(元)
line: 西城,201991
line: 东城,130969
line: 海淀,129508
line: 朝阳,119170
line: 大兴,115606
line: 丰台,79933
line: 昌平,77067
line: 通州,72727
line: 房山,56296
line: 顺义,55803
line: 石景山,53000
line: 密云,51250
line: 延庆,49934
line: 门头沟,46000
line: 怀柔,43937
line: 平谷,33980
```

13.4 写入文件

13.3 节介绍了读取文件，本节介绍写入文件操作。

微课视频

13.4.1 使用 WriteFile()函数写文件

13.3.1 节介绍了利用 os 包的 ReadFile()函数读取文件，与 ReadFile()函数类似的是 WriteFile()函数，后者用于将数据写入文件，这两个函数都不需要程序员关心文件的关闭和打开

WriteFile()函数语法格式如下：

```
func WriteFile(name string, data []byte, perm FileMode) error
```

其中，参数 name 是文件名；data 是要写入的数据，它是字节切片；perm 是打开文件模式。

下面通过示例介绍使用 WriteFile()函数写文件，该示例将字符串写入 data 文件夹中的 data. txt 文件，文件内容如图 13-5 所示。

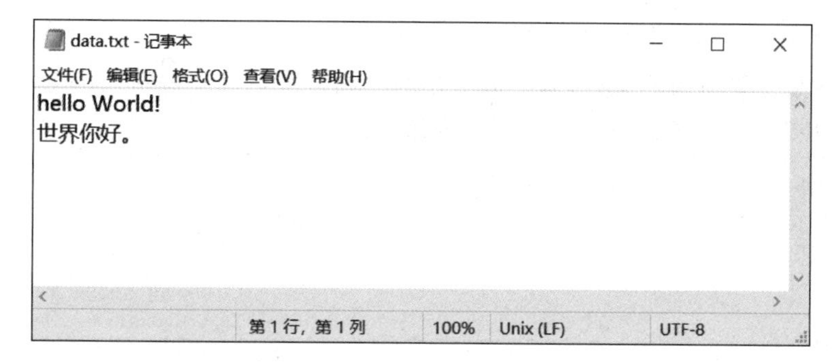

图 13-5 data.txt 文件内容

示例代码如下：

```
// 13.4.1 使用 WriteFile()函数写文件

package main

import (
	"fmt"
	"os"
)

func main() {
	_, err := os.Stat("./data")
	if os.IsNotExist(err) {
	  // 创建 data 文件夹
	  err := os.Mkdir("./data", 0755)                    ①
	  if err != nil {
	    fmt.Println("创建 data 文件夹错误!", err)
	  }
	}

	d1 := []byte("hello World!\n 世界你好.\n")            ②
	err2 := os.WriteFile("./data/data.txt", d1, 0644)    ③
	if err2 != nil {
	  fmt.Println("写入文件失败!", err2)
	}
}
```

上述代码第①行表示，如果当前目录下不存在 data 文件夹，则创建。

代码第②行将要写入的字符串转换为字节切片。

代码第③行通过 WriteFile()函数写入数据，其中 0644 是打开文件模式。

13.4.2 使用 WriteString()函数写文件

微课视频

如果确定只是将字符串写入文件，则可使用 WriteString()函数。使用 WriteString()函数写入数据有些麻烦，需要手动打开文件，使用完毕后还要关闭文件。WriteString()函数语法格式如下：

```
func (f *File) WriteString(s string) (n int, err error)
```

其中，string 参数是要写入的文件，返回值 n 是写入的字节数，err 是错误信息。

使用 WriteString()函数写文件示例代码如下：

```
// 13.4.2 使用 WriteString()函数写文件

package main

import (
	"fmt"
	"os"
)

func main() {
	_, err := os.Stat("./data")
	if os.IsNotExist(err) {
	  // 创建 data 文件夹
	  err := os.Mkdir("./data", 0755)
	  if err != nil {
	    fmt.Println("创建 data 文件夹错误!", err)
	  }
	}

	str := "hello World!\n 世界你好.\n"
	f, err := os.Create("./data/data.txt")          ①
	defer f.Close()                                 ②

	n3, err := f.WriteString(str)                   ③
	fmt.Printf("共 %d 个字节\n", n3)

	if err != nil {
	  fmt.Println("写入文件失败!", err)
	}
}
```

上述代码第①行使用 Create()函数创建文件，返回创建的文件 f。

代码第②行延迟关闭文件。

代码第③行通过 WriteString()函数将字符串写入文件。

上述代码执行结果如下：

```
共 29 个字节
```

13.5 动手练一练

1. 选择题

(1) 下列选项中哪些是 C 盘下的 test.txt 文件？(　　)

A. `C:\test.txt`　　　　B. "C:\\test.txt"

C. 'C:\\test.txt'　　D. "C:\test.txt"

(2) 文件权限设定中,要求只有拥有者有读写权限,而属组用户和其他用户只有读权限,则下列参数 perm 设定正确的是(　　)。

A. 0666　　B. 0777　　C. 0766　　D. 0644

2. 判断题

(1) 使用 WriteFile()函数写文件时,需要手动打开和关闭文件。　　(　　)

(2) 使用 ReadFile()函数读取文件时,不需要手动打开和关闭文件。　　(　　)

第 14 章 网络编程

现在的应用程序都离不开网络,网络编程是非常重要的技术。Go 语言提供 net 包,其中包含网络编程所需要的基础类和接口。这些类和接口面向以下两个不同的层次。

(1) 基于 Socket 的低层次网络编程:Socket 采用 TCP、UDP 等协议,这些协议属于低层次的通信协议,所以基于 Socket 的编程属于低层次网络编程。

(2) 基于 URL 的高层次网络编程:URL 采用 HTTP 和 HTTPS 等协议,这些协议属于高层次的通信协议,所以基于 URL 的编程属于高层次网络编程。

微课视频

14.1 网络基础

网络编程需要程序员掌握一些基础的网络知识,包括网络结构、TCP/IP、IP 地址、端口等。

14.1.1 网络结构

网络结构是网络的构建方式,目前流行的有客户端服务器结构和对等结构。

(1) 客户端服务器结构

客户端服务器(client server,C/S)结构是一种主从结构。如图 14-1 所示,服务器一般处于等待状态,收到客户端请求后,服务器响应请求建立连接,并提供服务。服务器是被动的,而客户端是主动的。

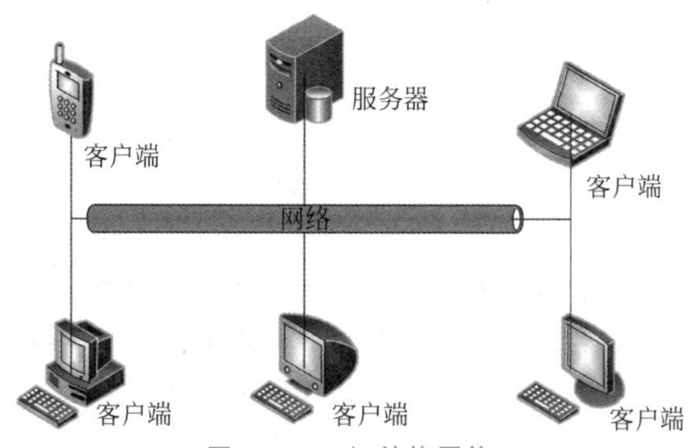

图 14-1　C/S 结构网络

事实上,生活中很多网络服务都采用这种结构,如 Web 服务、文件传输服务和邮件服务等。虽然它们存在的目的不一样,但基本结构是一样的。这种网络结构与设备类型无关,服务器不一定是计算机,也可能是手机等移动设备。

(2) 对等结构网络。

对等结构网络也叫点对点网络(peer to peer,P2P),每个节点之间是对等的。如图 14-2 所示,每个节点既是服务器,又是客户端。

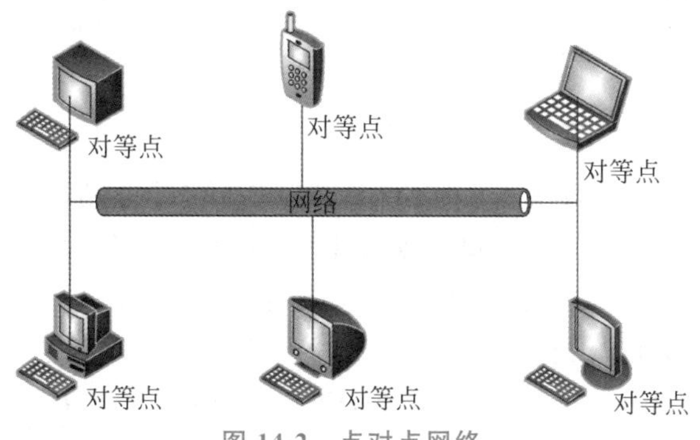

图 14-2　点对点网络

对等结构网络分布范围比较小,通常分布在一间办公室或一个家庭内,因此非常适合于移动设备间的网络通信,网络链路层由蓝牙和 Wi-Fi 实现。

14.1.2　TCP/IP

网络通信会用到协议,其中 TCP/IP 是非常重要的。TCP/IP 是由 IP(internet protocol),互联网协议和 TCP(transmission control protocol),传输控制协议两个协议构成的。IP 是一种低级的路由协议,它将数据拆分成许多小的数据包,并通过网络将它们发送到某一特定地址，但无法保证所有包都抵达目的地，也不能保证包的顺序。

由于IP传输数据的不安全性，网络通信时还需要TCP。TCP是一种高层次的协议，是面向连接的可靠的数据传输协议，如果有些数据包接收端没有收到，则发送端会重发，并对数据包内容的准确性进行检查，且保证数据包的顺序，所以该协议保证数据包能够安全地按照发送顺序送达目的地。

14.1.3 IP地址

为实现网络中不同计算机之间的通信，每台计算机都必须有一个与众不同的标识，这就是IP地址。TCP/IP使用IP地址标识源地址和目的地址。最初所有的IP地址都是32位数字，由4个8位的二进制数组成，每8位之间用圆点隔开，如192.168.1.1，这种类型的地址通过IPv4指定。而现在有一种新的地址模式，称为IPv6，IPv6使用128位数字表示一个地址，分为8个16位块。尽管IPv6与IPv4相比有很多优势，但是由于习惯的问题，很多设备还是采用IPv4。

在IPv4地址模式中，IP地址分为A、B、C、D和E等5类。

(1) A类地址用于大型网络，地址范围为1.0.0.1～126.155.255.254。

(2) B类地址用于中型网络，地址范围为128.0.0.1～191.255.255.254。

(3) C类地址用于小型网络，地址范围为192.0.0.1～223.255.255.254。

(4) D类地址用于多目的地的信息传输和作为备用。

(5) E类地址保留，仅做实验和开发用。

另外，有时还会用到一个特殊的IP地址——127.0.0.1。127.0.0.1称为回送地址，指本机，主要用于网络软件测试及本机进程间的通信。使用回送地址发送数据，不进行任何网络传输，只在本机进程间进行通信。

14.1.4 端口

一个IP地址标识一台计算机，每一台计算机又有很多网络通信程序在运行，提供网络服务或进行通信，这就需要不同的端口。如果把IP地址比作电话号码，那么端口就是分机号码，进行网络通信时不仅要指定IP地址，还要指定端口号。

TCP/IP系统中的端口号是一个16位的数字，范围是0～65535。小于1024的端口号保留给预定义的服务，如HTTP端口号是80，FTP端口号是21，Telnet端口号是23，Email端口号是25等，除非要和这些服务进行通信，否则不应该使用小于1024的端口。

14.2 TCP Socket低层次网络编程

TCP/IP的传输层有两种传输协议：TCP(传输控制协议)和UDP(用户数据报协议)。TCP是面向连接的可靠数据传输协议。TCP就好像电话，电话接通后双方才能通话，在挂断之前电话一直占线。TCP连接一旦建立就一直占用，直到关闭连接。另外，TCP为了保证数据的正确性，会重发一切接收端没有收到的数据，还会对数据内容进行验证，并保证数据按正确的顺序传输。因此 TCP 对系统资源的要求较多。

由于 TCP Socket 编程很有代表性,下面介绍 TCP Socket 编程。

14.2.1 TCP Socket 通信概述

Socket 是网络上的两个程序,通过一个双向的通信连接,实现数据的交换。这个双向连接的一端称为一个 Socket。Socket 通常用来实现客户端和服务器端的连接。Socket 是 TCP/IP 的十分流行的编程接口。一个 Socket 由一个 IP 地址和一个端口号唯一确定,一旦建立连接,Socket 还会包含本机和远程主机的 IP 地址和端口号,如图 14-3 所示,Socket 是成对出现的。

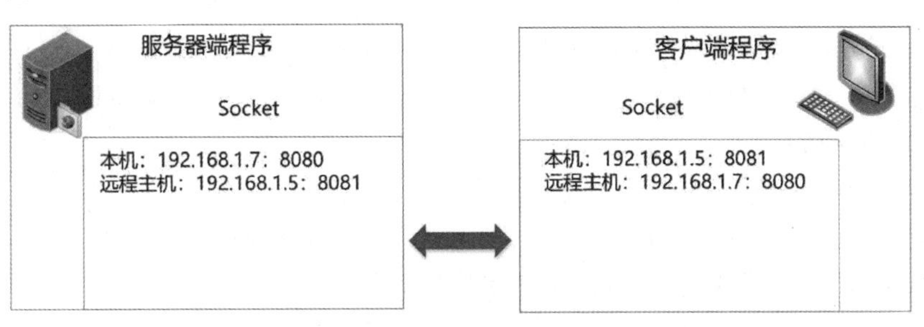

图 14-3 TCP Socket 通信

14.2.2 TCP Socket 通信过程

使用 Socket 进行 C/S 结构编程,通信过程如图 14-4 所示。

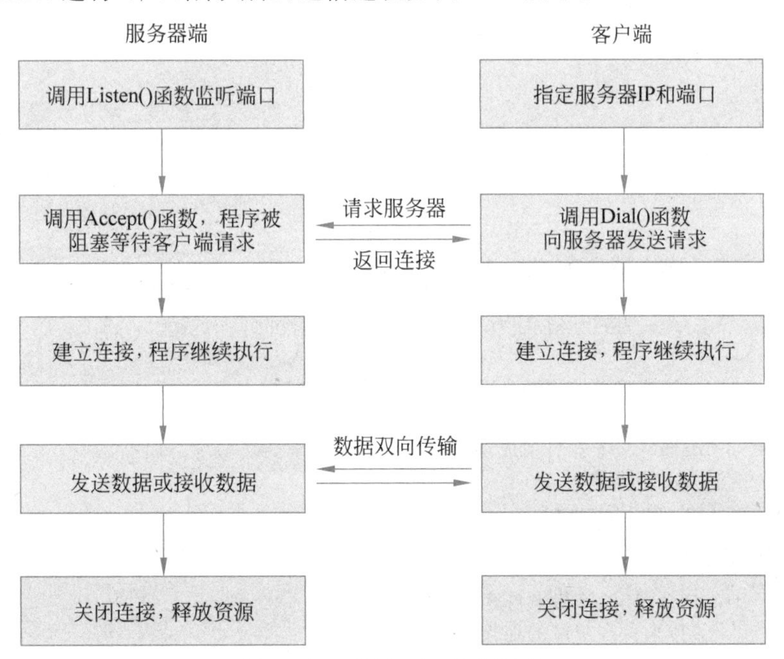

图 14-4 TCP Socket 通信过程

服务器端监听某个端口是否有连接请求。服务器端程序处于阻塞状态，直到客户端向服务器端发出连接请求。服务器端接收客户端请求后，会响应请求、处理请求，然后将结果应答给客户端，这样就会建立连接。连接一旦建立，即可通过 Socket 读取或写输入数据，从而实现服务器端与客户端的通信。通信结束后关闭连接，释放资源。

微课视频

14.2.3 TCP 服务器端

net 包为 TCP Socket 编程提供了相关的函数，其中 Listen()函数用来监听服务端口，Listen()函数语法格式如下：

```
func Listen(network, address string) (Listener, error)
```

其中，参数 network 是网络类型，取值必须是"tcp""tcp4""tcp6""unix"或"unixpacket"；参数 address 是 IP 地址，注意其中包括端口。返回值有两个，第一个是监听器(Listener)实例，第二个是错误信息。

监听器 Listener 是一个接口，它主要定义了两个函数。

(1) Accept() (Conn, error)：等待客户端连接，Conn 返回 Conn 实例，Conn 表示连接它也是一个接口，定义读数据、写数据和关闭连接等函数。

(2) Close() error：关闭监听器。

TCP 服务器端示例代码如下：

```
// 14.2.3 TCP 服务器端

package main

import (
    "bufio"
    "fmt"
    "net"
)

func main() {
    fmt.Println("服务器启动,监听 9000 端口...")
    // 创建监听器
    listener, err : = net.Listen("tcp", "localhost:9000")                ①
    if err != nil {
        fmt.Println("服务器启动失败.", err.Error())
    } else {
        fmt.Println("服务器启动成功.")
        // 延迟关闭监听器
        defer listener.Close()

        for {
            fmt.Println("等待来自客户端的连接...")
            // 等待来自客户端的连接
            conn, err : = listener.Accept()                              ②
```

```
            fmt.Println("连接成功.")
            if err != nil {
                fmt.Println("客户端的连接失败.", err.Error())
                continue
            }

            message, _ := bufio.NewReader(conn).ReadString('\n')          ③
            fmt.Println("接收消息:", string(message))
            // 关闭连接
            conn.Close()                                                  ④
        }
    }
}
```

上述代码第①行监听9000端口；代码第②行等待来自客户端的连接，此时程序会被阻塞；代码第③行从Socket中读取数据，其中bufio.NewReader(conn)创建Reader实例，ReadString()函数读取一行字符串；代码第④行关闭连接，这会关闭Socket，释放资源。

14.2.4　TCP客户端

微课视频

net包中提供了Dial()函数用于连接服务器，Dial()函数语法格式如下：

```
func Dial(network, address string) (Conn, error)
```

其中，参数network是网络类型，取值必须是"tcp""tcp4""tcp6""udp""udp4""udp6""ip""ip4""ip6""unix""unixgram"或"unixpacket"。

TCP客户端示例代码如下：

```
// 14.2.4 TCP客户端

package main

import (
    "fmt"
    "net"
)

func main() {

    //建立连接
    conn, err := net.Dial("tcp", "localhost:9000")                        ①
    if err != nil {
        fmt.Println("连接失败!", err.Error())
    } else {
        fmt.Println("连接成功.")
        //发送数据
        _, err = conn.Write([]byte("哈喽, Server!"))                      ②
        if err != nil {
            fmt.Println("向服务器发送数据失败!")
        } else {
```

```
            fmt.Println("向服务器发送数据成功.")
        }
        // 延迟关闭
        defer conn.Close()                                          ③
    }
}
```

上述代码第①行通过 Dial()函数连接本机 9000 端口；代码第②行向服务器发送字符串；代码③行延迟关闭连接，关闭连接的同时会关闭 Socket 释放资源。

由于服务器端和客户端程序要分别启动与运行，笔者推荐开启两个命令提示符窗口，分别运行服务器端和客户端程序。

（1）启动服务器端。

服务器要一直等待客户端连接，然后接收数据，因此需要先启动服务器。启动命令提示符窗口，运行服务器端程序代码，程序会阻塞并等待客户端连接，如图 14-5 所示。

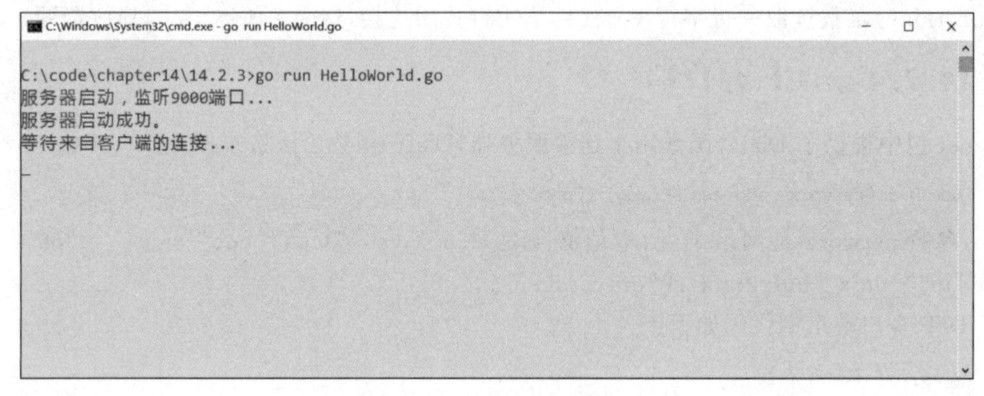

图 14-5　等待客户端连接

（2）启动客户端。

服务器端启动后，再启动客户端，运行客户端程序代码，如图 14-6 所示，客户端连接成功后会给客户端发送数据，此时客户端会继续执行，并从服务器端接收数据，如图 14-7 所示。

图 14-6　运行客户端程序

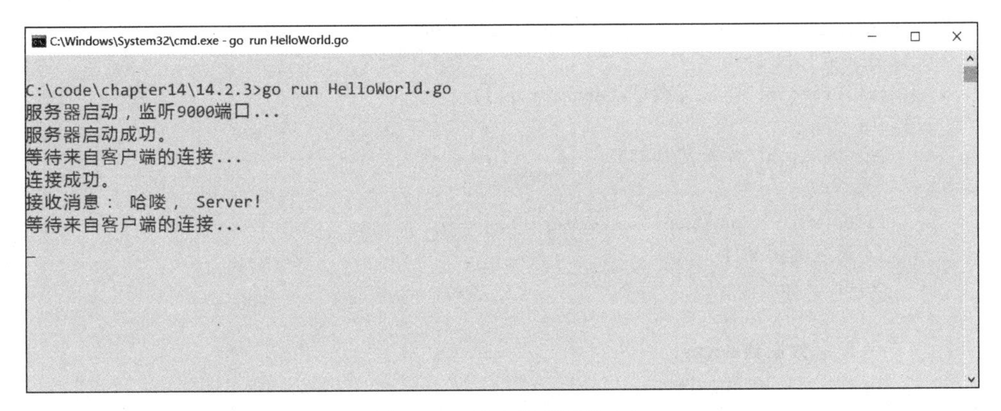

图 14-7 客户端继续执行

14.2.5 案例：文件上传工具

微课视频

基于 TCP Socket 编程比较复杂，这里先从一个简单的文件上传工具案例介绍基于 TCP Socket 编程的基本流程。上传过程是单向 Socket 通信过程，如图 14-8 所示，客户端读取文件，然后将文件数据写入客户端 Socket，这会上传数据到服务器；服务器端会从服务器端的 Socket 中接收数据，然后写入文件，写入数据完成即为上传成功。

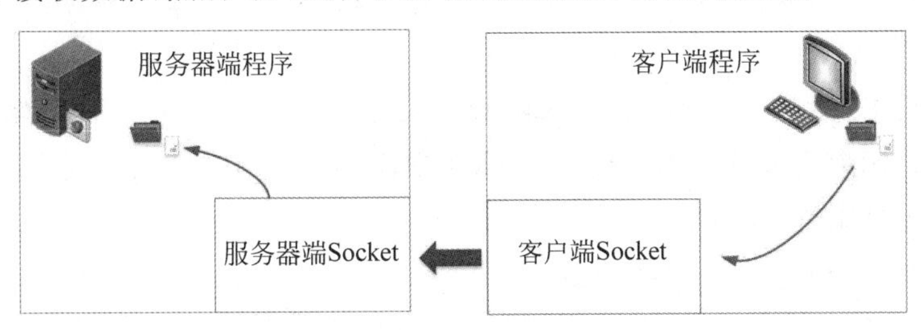

图 14-8 文件上传工具

文件上传工具客户端代码如下：

```
// 14.2.5 案例:文件上传工具客户端

package main

import (
	"fmt"
	"io"
	"net"
	"os"
)

func main() {

	//建立连接
```

```
        conn, err := net.Dial("tcp", "localhost:9000")
        if err != nil {
          fmt.Println("连接失败!", err.Error())
        } else {
          fmt.Println("连接成功.")

          file, err := os.Open("coco2dxcplus.jpg")                    ①
          // 延迟关闭文件
          defer file.Close()

          // 发送数据到 Socket
          n, err := io.Copy(conn, file)                               ②
          fmt.Printf("发送 %d 字节\n.", n)

          if err != nil {
            fmt.Println("向服务器发送数据失败!")
          } else {
            fmt.Println("向服务器发送数据成功.")
          }
          // 延迟关闭
          defer conn.Close()
        }
}
```

上述代码第①行打开当前目录下的图片文件 coco2dxcplus.jpg，代码第②行通过 io.Copy(conn，file)函数将文件数据发送到 Socket 中。

文件上传工具服务器端代码如下：

```
// 14.2.5 案例:文件上传工具服务器端

package main

import (
        "fmt"
        "net"
        "os"
)

func main() {
        fmt.Println("服务器启动,监听 9000 端口...")
        // 创建监听器
        listener, err := net.Listen("tcp", "localhost:9000")
        if err != nil {
          fmt.Println("服务器启动失败.", err.Error())
        } else {
          fmt.Println("服务器启动成功.")
          // 延迟关闭监听器
```

```
    defer listener.Close()

    for {
        fmt.Println("等待来自客户端的连接...")
        // 等待来自客户端的连接
        conn, err := listener.Accept()
        fmt.Println("连接成功.")
        if err != nil {
            fmt.Println("客户端的连接失败.", err.Error())
            continue
        }

        buf := make([]byte, 0, 1024)  // 缓冲区                      ①
        tmp := make([]byte, 256)      //每次读取数据临时缓冲区          ②

        for {
            n, err := conn.Read(tmp)                                ③

            // 读取文件完成
            if err != nil {
                break
            }
            fmt.Println("获得了->", n, "个字节")
            buf = append(buf, tmp[:n]...)                           ④
        }

        fmt.Println("total size:", len(buf))
        // 把缓冲区的数据写入文件
        err = os.WriteFile("./coco2dxcplus2.jpg", buf, 0644)        ⑤
        if err != nil {
            fmt.Println("写入文件失败!", err)
        }
        // 延迟关闭
        defer conn.Close()
    }
  }
}
```

上述代码第①行声明字节切片，它是用来保存数据的缓冲区；而代码第②行也声明一个字节切片，它也是一个缓冲区，不过是临时保存数据的缓冲区。因为要求Socket读取处理的数据比较多，需要通过一个循环反复读取数据，每次读取的数据暂时放到tmp缓冲区中，最后再将tmp中的数据添加到缓冲区buf中。

代码第③行通过Read()函数读取数据到临时缓冲区tmp中，返回值n表示本次读取的字节数；代码第④行将临时缓冲区tmp中的数据添加到缓冲区buf中；代码第⑤行通过os.WriteFile()函数将缓冲区数据写入文件。

上述代码测试运行请参考 14.2.4 节，具体过程这里不再赘述。

14.3 UDP Socket 低层次网络编程

UDP(用户数据报协议)是无连接的，对系统资源的要求较少，可能丢包，也不保证数据顺序。就像日常生活中的邮件投递，UDP 不能保证将“邮件”可靠地寄到目的地。但是对于网络游戏和在线视频等要求传输快、实时性高、质量可稍差一点儿的数据传输，UDP 还是非常不错的。

UDP Socket 网络编程比 TCP Socket 编程简单得多，UDP 是无连接协议，不需要像 TCP 一样监听端口，建立连接，然后才能进行通信。

微课视频

14.3.1 UDP 服务器端

net 包为 TCP Socket 编程提供了相关的函数，其中 ListenUDP()用来监听 UDP 服务端口。ListenUDP()函数语法格式如下：

```
func ListenUDP(network string, laddr *UDPAddr) (*UDPConn, error)
```

其中，参数 network 是网络类型；参数 laddr 是 IP 地址，返回值有两个，第一个是 UDP 连接(UDPConn)实例，第二个是错误信息。

创建 UDPAddr 地址实例可以通过 ResolveUDPAddr()函数实现，ResolveUDPAddr()函数语法格式如下：

```
func ResolveUDPAddr(network, address string) (*UDPAddr, error)
```

UDP 服务器端示例代码如下：

```
// 14.3.1 UDP 服务器端

package main

import (
    "fmt"
    "net"
)

func main() {
    // 创建 UDP 地址
    udpAddr, err := net.ResolveUDPAddr("udp4", "localhost:9000")          ①

    if err != nil {
        fmt.Println(err)
        return
    }
    // 监听来自于指定 IP 和端口数据
```

```
    listener, err := net.ListenUDP("udp", udpAddr)                    ②

    if err != nil {
        fmt.Println(err)
        return
    }

    fmt.Println("UDP 服务器监听 9000 端口...")
    defer listener.Close()

    // 在这里读写客户端数据
    for {
        buffer := make([]byte, 1024)                                  ③

        n, addr, _ := listener.ReadFromUDP(buffer)                    ④
        fmt.Println("UDP 客户端:", addr)
        fmt.Println("接收来自于 UDP 客户端的信息:", string(buffer[:n]))   ⑤

    }
}
```

上述代码第①行创建 UDP 地址,本服务器地址是本机,端口是 9000;代码第②行监听指定的 IP 地址和端口。

代码第③行创建一个字节切片的缓冲区;代码第④行使用监听器的 ReadFromUDP()函数接收数据到缓冲区 buffer 中,返回值 n 是读取的字节数;代码第⑤行中 string(buffer[:n])通过缓冲区中的数据创建字符串。

14.3.2 UDP 客户端

net 包中提供了 DialUDP()函数,用于连接服务器,DialUDP()函数语法格式如下:

```
func DialUDP(network string, laddr, raddr *UDPAddr) (*UDPConn, error)
```

其中,参数 network 是网络类型;参数 laddr 是本地 IP 地址;参数 raddr 是远程 IP 地址。函数返回值有两个,第一个是 UDP 连接(UDPConn)实例,第二个是错误信息。

UDP 客户端示例代码如下:

```
// 14.3.2 UDP 客户端

package main

import (
    "fmt"
    "net"
)

// UDP 客户端
```

```
func main() {

    RemoteAddr, err := net.ResolveUDPAddr("udp", "localhost:9000")       ①
    conn, err := net.DialUDP("udp", nil, RemoteAddr)                     ②
    if err != nil {
        fmt.Println(err)
        return
    }
    defer conn.Close()

    // 将数据写入服务器
    message := []byte("哈喽!UDP 服务器.")
    _, err = conn.Write(message)                                         ③

}
```

上述代码第①行监听指定的 IP 地址和端口。

代码第②行通过 DialUDP()函数连接本机 9000 端口。

代码第③行使用 conn.Write(message)函数将数据写入服务器。

上述代码测试运行过程请参考 14.2.4 节，这里不再赘述。

微课视频

14.4 高层次网络编程

高层次网络编程是指通过 URL 访问 Web 资源，这种编程不需要对协议本身有太多的了解，相对而言是比较简单的。

14.4.1 URL 概念

互联网资源是通过 URL(uniform resource locator，统一资源定位器)指定的。

URL 组成格式如下：

```
协议名://资源名
```

其中，协议名指明获取资源所使用的传输协议，如 HTTP、FTP、Gopher 和 File 等；资源名则应该是资源的完整地址，包括主机名、端口号、文件名或文件内部的一个引用。例如：

```
http://www.sina.com/
http://home.sohu.com/home/welcome.html
http://www.51work6.com:8800/Gamelan/network.html#BOTTOM
```

14.4.2 HTTP/HTTPS

访问互联网大多都基于 HTTP/HTTPS。

1. HTTP

HTTP(hypertext transfer protocol，超文本传输协议)是属于应用层的面向对象的协议，其简捷、快速的方式适用于分布式超文本信息的传输。它于1990年被提出，经过多年的使用与发展，得到不断完善和扩展。HTTP支持C/S网络结构，是无连接协议，即每次请求时建立连接，服务器处理完客户端的请求后应答给客户端，然后断开连接，不会一直占用网络资源。

HTTP/1.1协议共定义了8种请求方法：OPTIONS、HEAD、GET、POST、PUT、DELETE、TRACE和CONNECT。在HTTP访问中，一般使用GET和POST方法，其他方法都是可选的。

(1) GET方法：是向指定的资源发出请求，发送的信息"显式"地跟在URL后面。GET方法应该只用于读取数据，如静态图片等。GET方法有点像使用明信片给别人写信，"信内容"写在外面，接触到的人都可以看到，因此是不安全的。

(2) POST方法：是向指定资源提交数据，请求服务器进行处理，例如提交表单或上传文件等。数据被包含在请求体中。POST方法像是把"信内容"装入信封，拆封前接触到的人都看不到"信内容"，因此是安全的。

2. HTTPS

HTTPS(hypertext transfer protocol secure，超文本传输安全协议)是HTTP和SSL的组合，用于提供加密通信及对网络服务器身份的鉴定。

简单地说，HTTPS是HTTP的升级版，与TCP/IP进行通信时，HTTPS使用端口443，而HTTP使用端口80。HTTPS的安全基础是SSL，SSL使用40位关键字作为RC4流加密算法，这对于商业信息的加密是合适的。HTTPS和SSL支持使用X.509数字认证，如果需要，用户可以确认发送者身份。

14.4.3　搭建自己的Web服务器

微课视频

很多现成的互联网资源不稳定，本节介绍如何搭建自己的Web服务器。

搭建Web服务器的步骤如下。

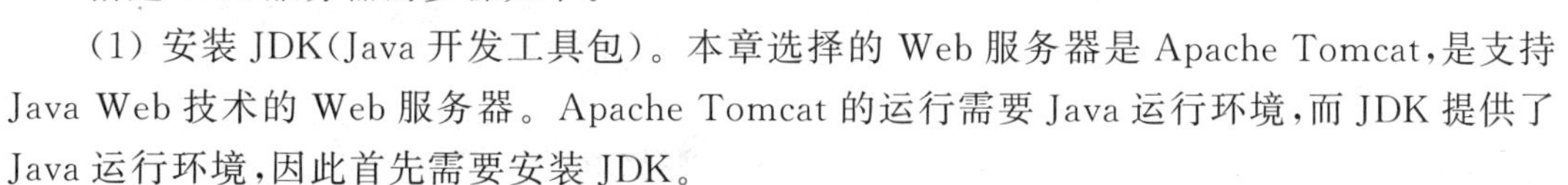

(1) 安装JDK(Java开发工具包)。本章选择的Web服务器是Apache Tomcat，是支持Java Web技术的Web服务器。Apache Tomcat的运行需要Java运行环境，而JDK提供了Java运行环境，因此首先需要安装JDK。

读者可以从本章配套代码中找到JDK安装包jdk-8u211-windows-i586.exe，也可自行下载JDK安装包。JDK具体安装步骤这里不再赘述。

(2) 配置Java运行环境。Apache Tomcat在运行时需要用到JAVA_HOME环境变量，因此需要先设置JAVA_HOME环境变量。Windows系统中设置JAVA_HOME环境变量方法如下。

首先，打开"设置"对话框。打开该对话框有很多方式，如果是Windows 10系统，则在桌面上右击"此电脑"图标，在弹出的快捷菜单中选择"属性"命令，将弹出"设置"对话框，如图14-9所示。

单击"高级系统设置"选项，打开"系统属性"对话框，如图14-10所示。

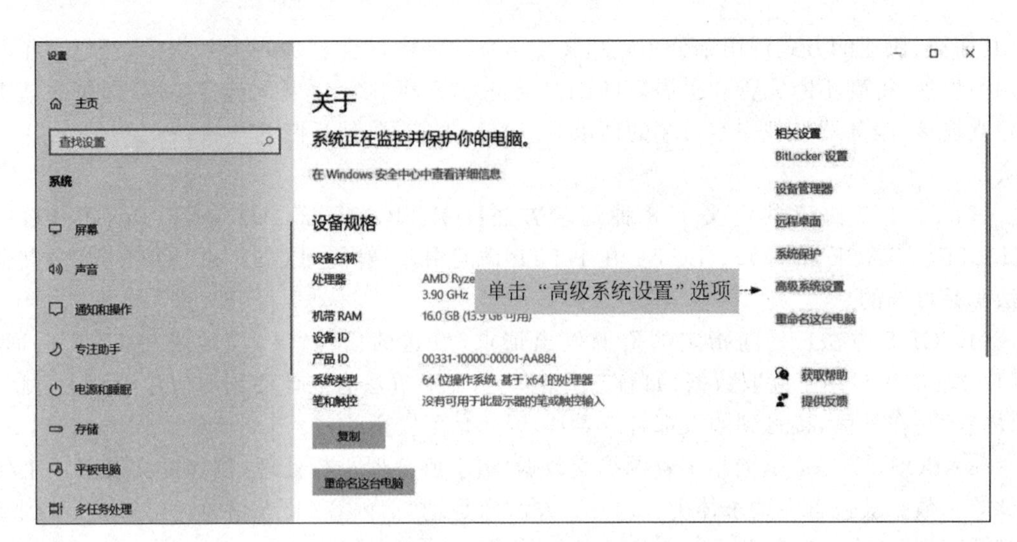

图 14-9 "设置"对话框

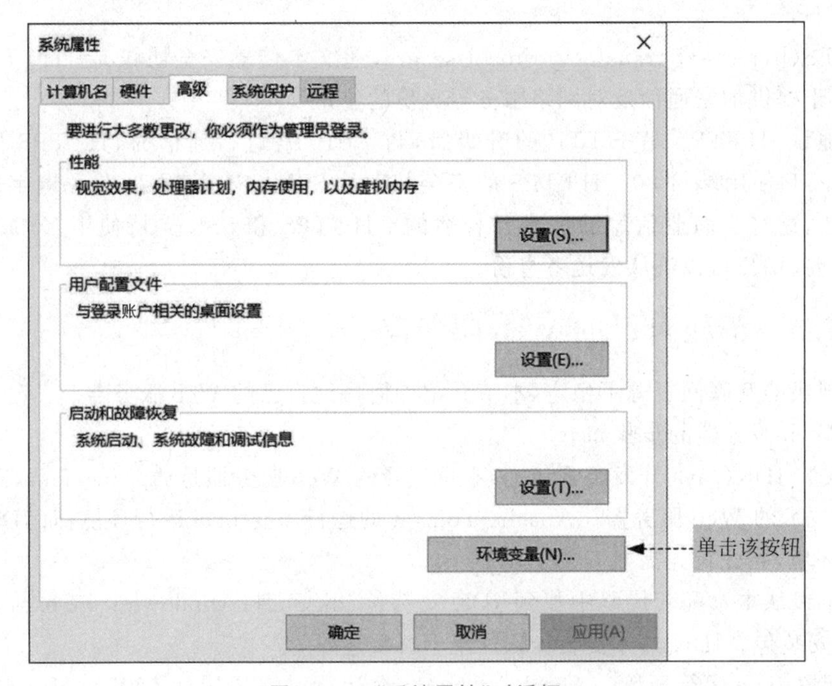

图 14-10 "系统属性"对话框

单击"环境变量"按钮，将弹出如图 14-11 所示的"环境变量"对话框。

单击"…的用户变量"("…"此处为 tony，也可为其他用户名)选项组下方的"新建"按钮，将弹出如图 14-12 所示的"编辑用户变量"对话框，在"变量名"输入框中输入 JAVA_HOME，在"变量值"输入框中输入 JDK 安装路径，然后单击"确定"按钮。

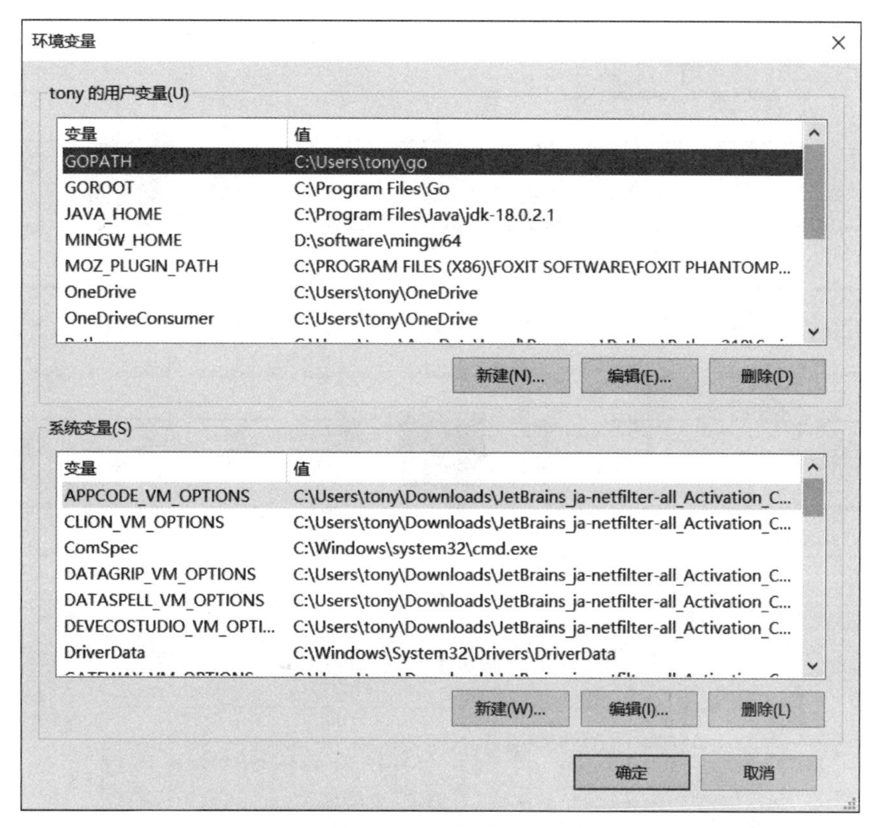

图 14-11　“环境变量”对话框

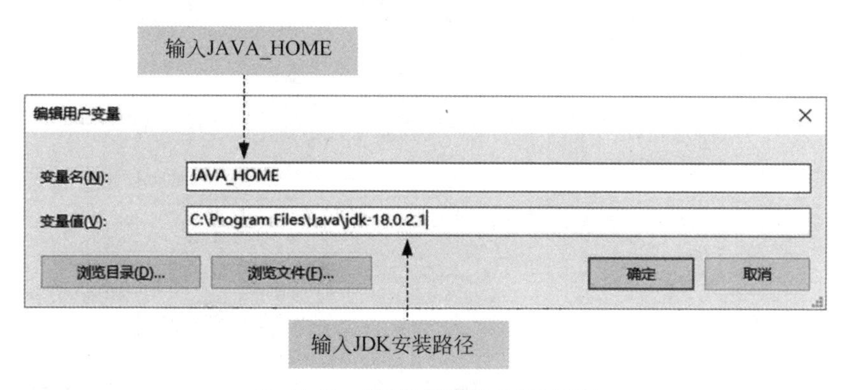

图 14-12　“编辑用户变量”对话框

(3) 安装 Apache Tomcat 服务器。可以从本章配套代码中找到 Apache Tomcat 安装包 apache-tomcat-9.0.13.zip，解压即可安装。

(4) 启动 Apache Tomcat 服务器。双击 Apache Tomcat 解压目录的 bin 目录下的 startup.bat 文件，如图 14-13 所示，即可启动 Apache Tomcat。

启动 Apache Tomcat 成功后会看到如图 14-14 所示的信息。

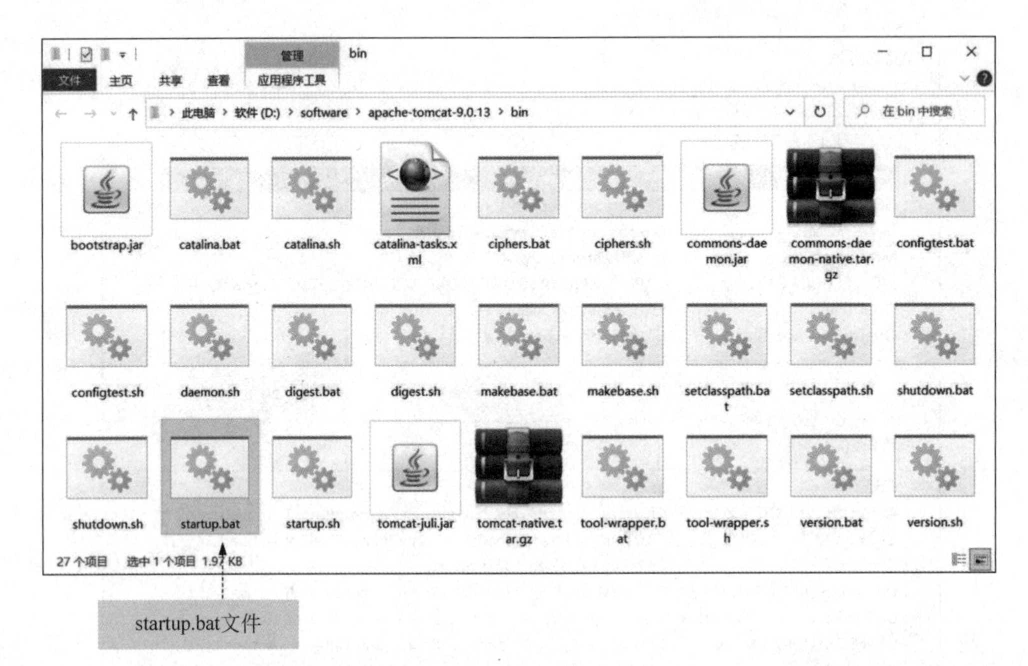

图 14-13　解压目录下的 bin 目录

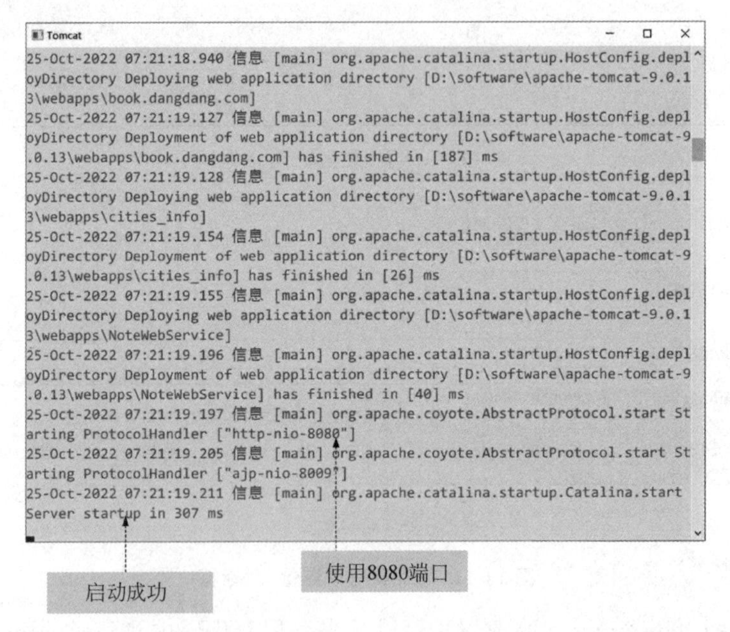

图 14-14　启动 Apache Tomcat 成功

(5) 测试 Apache Tomcat 服务器。打开浏览器，在地址栏中输入 http://localhost:8080/NoteWebService/，打开如图 14-15 所示的页面，该页面介绍了当前 Web 服务器已经安装的 Web 应用(NoteWebService)的具体使用方法。

服务器端操作	示例	说明	返回值
按照主键（ID）查询	note.do?ID=10 note.do?action=query&ID=10	按照主键ID=10查询数据	有
查询所有数据	note.do note.do?action=query	查询所有数据	有
插入数据	Note.do?action=add&content=你好吗	插入数据，Content=你好吗	有
删除数据	Note.do?action=remove&ID=23	删除ID=23数据	无
修改数据	Note.do?action=modify&ID=23&content=大家好	修改ID=23数据的Content=大家好	有

图 14-15　测试 Apache Tomcat 服务器

打开浏览器，在地址栏中输入 http://localhost: 8080/NoteWebService/note.do，在打开的页面中可以查询 Note 中的所有数据，如图 14-16 所示。

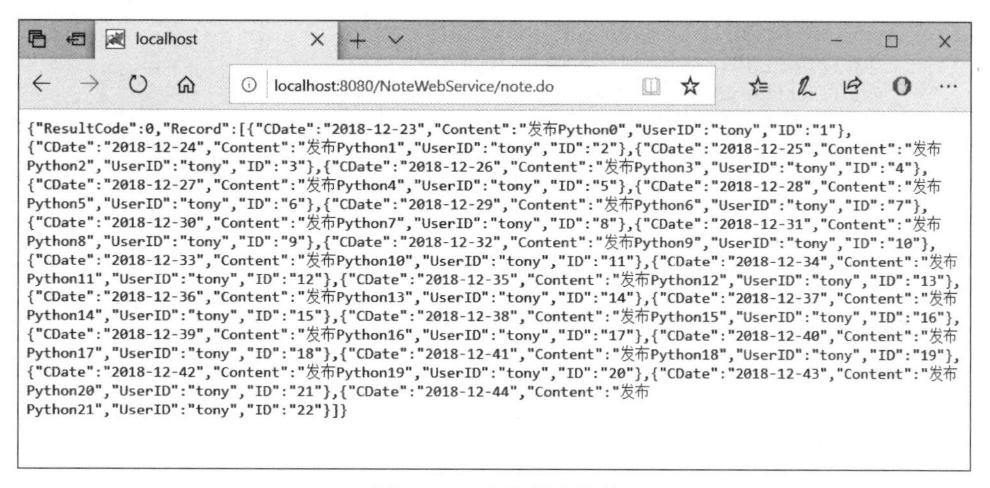

图 14-16　查询所有数据

这里搭建的 WebNoteWebService 可以查询、插入、删除和修改 Note（备忘录）信息，Note 信息有 4 个字段：CDate（日期）、Content（内容）、UserID（用户 ID）和 ID（备忘录 ID）。

14.4.4　发送 GET 请求

微课视频

Go 语言提供了 net/http 包，用于编写 HTTP 服务器端和客户端程序代码。通过 net/http 包可以很轻松地发送 HTTP 的 8 种请求方法，本节先介绍 GET 请求。发送 GET 请求可以使用 net/http 包中的 Get()函数，该函数语法格式如下：

```
func Get(url string) (resp * Response, err error)
```

其中，参数 url 用于请求 URL 网址，该函数返回值有两个，其中第一个返回值 resp 是应答对象，第二个返回值 err 是错误信息。

发送 GET 请求示例代码如下：

```
// 14.4.4 发送 GET 请求

package main

import (
    "fmt"
    "io"
    "net/http"
)

func main() {
    // Web 网址
     const url = "http://localhost:8080/NoteWebService/note.do"         ①
    resp, err := http.Get(url)                                         ②
    if err != nil {
        fmt.Println(err)
    } else {
        fmt.Printf("HTTP 应答状态: %v\n", resp.Status))                ③
        fmt.Printf("HTTP 应答状态码: %d\n", resp.StatusCode)            ④
        // 延迟关闭应答体
        defer resp.Body.Close()                                        ⑤
        body, err := io.ReadAll(resp.Body)                             ⑥

        if err != nil {
            fmt.Println(err)
        }
        // 打印返回的 HTML 代码
        fmt.Println(string(body))                                      ⑦
    }

}
```

上述代码第①行声明请求的 URL 网址；代码第②行通过 Get()函数发送 GET 请求；代码第③行 resp.Status 获得应答状态；代码第④行 resp.StatusCode 返回应答状态码，200 表示请求成功。

代码第⑤行延迟关闭应答体；代码第⑥行从应答体中读取所有数据；代码第⑦行通过 string(body)函数获得应答返回的 JSON 字符串。

上述代码运行结果如下：


```
{"Record":[{"CDate":"2019-12-23","Content":"漫画 Python 第 1 章完成
","ID":"1"},{"CDate":"2019-01-02","Content":"漫画 Python 第 2 章完成
","ID":"2"},{"CDate":"2019-01-05","Content":"漫画 Python 第 3 章完成
","ID":"3"},{"CDate":"2019-01-10","Content":"漫画 Python 第 4 章完成
","ID":"4"},{"CDate":"2019-01-20","Content":"漫画 Python 第 5 章完成
","ID":"5"},{"CDate":"2019-01-28","Content":"漫画 Python 第 6 章完成
","ID":"6"},{"CDate":"2019-02-05","Content":"漫画 Python 第 7 章完成
","ID":"7"},{"CDate":"2019-02-10","Content":"漫画 Python 第 8 章完成
```

```
","ID":"8"},{"CDate":"2019-02-20","Content":"漫画 Python 第 9 章完成
","ID":"9"},{"CDate":"2019-02-28","ID":"10","Content":"漫画 Python 第 10 章完成
","ResultCode":0},{"CDate":"2019-03-03","Content":"漫画 Python 第 11 章完成
","ID":"11"},{"CDate":"2019-03-11","Content":"漫画 Python 第 12 章完成
","ID":"12"},{"CDate":"2019-03-20","Content":"漫画 Python 第 12 章完成
","ID":"13"},{"CDate":"2019-04-01","Content":"漫画 Python 第 13 章完成
","ID":"14"},{"CDate":"2019-04-03","Content":"漫画 Python 第 14 章完成
","ID":"15"},{"CDate":"2019-04-08","Content":"漫画 Python 第 15 章完成
","ID":"16"},{"CDate":"2019-04-10","Content":"漫画 Python 第 16 章完成
","ID":"17"},{"CDate":"2019-04-15","Content":"漫画 Python 全部完成!
","ID":"18"},{"CDate":"2019-04-19","Content":"开始录制漫画 Python 配套视频
1","ID":"19"},{"CDate":"2019-04-30","Content":"开始录制漫画 Python 配套视频
2","ID":"20"},{"CDate":"2019-05-03","Content":"开始录制漫画 Python 配套视频
3","ID":"21"},{"CDate":"2019-05-08","Content":"开始录制漫画 Python 配套视频
4","ID":"22"}],"ResultCode":0}
```


注意　注意，上述代码运行时，Web 服务器需处于启动状态。

14.4.5　发送 POST 请求

发送 POST 请求可以使用 net/http 包中的 PostForm()函数，该函数可以发送 POST 表单数据(采用键-值对形式)，请求体采用 application/x-www-form-urlencoded 编码。PostForm()函数语法格式如下：

```
func PostForm(url string, data url.Values) (resp *Response, err error)
```

其中，参数 url 是要请求的 URL 网址，data 是发送给服务器端的数据；返回值 resp 是应答对象，err 是返回的错误信息。

发送 POST 请求示例代码如下：

```
// 14.4.5 发送 POST 请求

package main

import (
    "fmt"
    "io"
    "net/http"
    "net/url"
)

func main() {
    // 参数数据
    param := url.Values{                          ①
        "ID": {"20"},
        "action": {"query"},                      ②
    }
    // Web 网址
```

```
    const url = "http://localhost:8080/NoteWebService/note.do"
    // 发送 POST 请求
    resp, err := http.PostForm(url, param)        ③

    if err != nil {
        fmt.Println(err)
    } else {
        fmt.Printf("HTTP 应答状态: %v\n", resp.Status)
        fmt.Printf("HTTP 应答状态码: %d\n", resp.StatusCode)
        // 延迟关闭应答体
        defer resp.Body.Close()
        body, err := io.ReadAll(resp.Body)

        if err != nil {
            fmt.Println(err)
        }
        // 打印返回的 HTML 代码
        fmt.Println(string(body))
    }

}
```

上述代码第①行和第②行准备请求参数，请求的数据是放到 Values 数据类型中的，类似于映射；代码第③行发送 POST 请求。

上述代码运行结果如下：

```
HTTP 应答状态:200
HTTP 应答状态码:200
{"CDate":"2019-04-30","Content":"开始录制漫画 Python 配套视频
2","ID":"20","ResultCode":0}
```

微课视频

14.4.6 案例：Downloader

为了进一步熟悉发送 GET 请求，本节介绍一个下载程序 Downloader。Downloader 程序示例代码如下：

```
// 14.4.6 案例:Downloader

package main

import (
    "fmt"
    "io"
    "net/http"
    "os"
)

func main() {

    // Web 网址
```

```
    const url = "https://ss0.bdstatic.com/5aV1bjqh_Q23odCf/static/superman/img/logo/bd_
logo1_31bdc765.png"

    resp, err := http.Get(url)                                    ①

    if err != nil {
        fmt.Println(err)
    } else {
        fmt.Printf("HTTP 应答状态: %v\n", resp.Status)
        fmt.Printf("HTTP 应答状态码: %d\n", resp.StatusCode)
        // 延迟关闭应答体
        defer resp.Body.Close()
        body, err := io.ReadAll(resp.Body)

        if err != nil {
            fmt.Println(err)
        }
        // 将数据写入文件
        err = os.WriteFile("./download.png", body, 0644)          ②

        if err != nil {
          fmt.Println(err)
        } else {
          fmt.Println("下载完成.")
        }
    }
}
```

上述代码第①行根据 GET 请求下载图片，这些图片一般都是采用 HTTP GET 方法传输的，代码第②行将从应答体中返回的数据写入文件。

上述代码运行后，即可在当前目录中看到下载的图片 download.png。

14.5 JSON 文档结构

微课视频

JSON(JavaScript object notation)是一种轻量级的数据交换格式。所谓轻量级，是与 XML 文档结构相比而言的，JOSN 描述项目的字符少，所以描述相同数据所需的字符个数少，传输速度就会提高，而流量却会减少。

JSON 文档中主要有以下两种数据结构。

(1) JSON 对象(object)：JSON 对象是“名称(string)-值(value)”对集合，它类似于映射类型，而数组是一连串元素的集合，一个 JSON 对象以“{”(左大括号)开始，“}”(右大括号)结束。每个“名称”后跟一个“:”(冒号)，“名称-值”对之间使用“,”(逗号)分隔。JSON 对象的语法表如图 14-17 所示。

JSON 对象示例如下：

```
{
    "name":"a.htm",
```

```
    "size":345,
    "saved":true
}
```

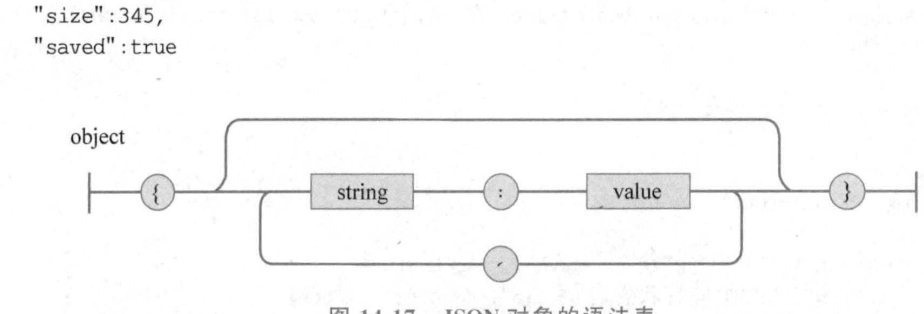

图 14-17 JSON 对象的语法表

(2) JSON 数组(array)：JSON 数组是值的有序集合，以"["(左中括号)开始，"]"(右中括号)结束，值之间使用","(逗号)分隔。JSON 数组的语法表如图 14-18 所示。

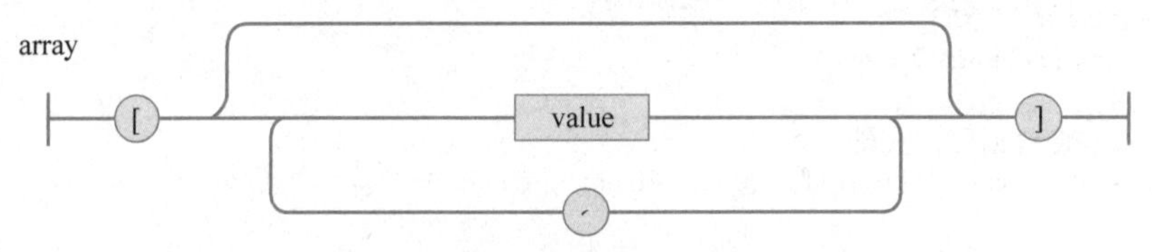

图 14-18 JSON 数组的语法表

JSON 数组示例子如下：

```
["text","html","css"]
```

JSON 对象和数组中可以包含 JSON 数值，JSON 数值可以是双引号括起来的 string(字符串)、number(数值)、true、false、null、object(对象)或 array(数组)，这些结构可以嵌套。数组中的 JSON 值如图 14-19 所示。

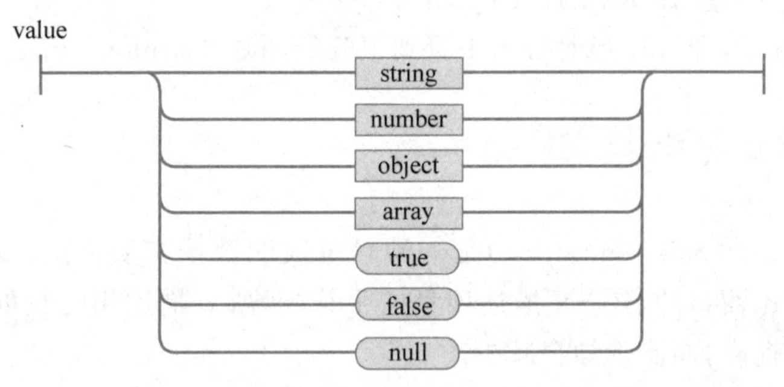

图 14-19 数组中的 JSON 值

14.5.1 JSON 编码

JSON 数据在网络中传输时，需要保存为字符串形式，把 JSON 数据转换成为字符串才能传输和存储，这个过程称为编码过程。

Go 语言提供了 encoding/json 包，可以帮助实现编码和解码，其中编码使用 Marshal()函数实现，Marshal ()函数语法格式如下：

```
func Marshal(v any) ([]byte, error)
```

其中,参数 v 是 JSON 数据,返回值有两个,第一个返回值是字节切片,第二个返回值是错误信息。

下面通过示例介绍 JSON 解码,该示例对 14.4.3 节中"我的备忘录"数据进行编码,为此需要自定义一个结构体。

```
// 声明备忘录 Note 结构体
type Note struct {
      CDate   string
      Content string
      ID      int
}
```

完整的示例代码如下:

```
// 14.5.1 JSON 编码

package main

import (
    "encoding/json"
    "fmt"
)

// 声明备忘录 Note 结构体
type Note struct {
    CDate   string
    Content string
    ID      int
}

func main() {

    //实例化 Note 结构体
    note1 := Note{CDate: "2022-12-23", Content: "«极简 Go: 新手编程之道»第 1 章完成.", ID: 1}
    note2 := Note{CDate: "2022-12-24", Content: "«极简 Go: 新手编程之道»第 2 章完成.", ID: 2}

    // JSON 对象编码
    jsonObject, _ := json.Marshal(note1)                        ①
    fmt.Printf("JSON 对象编码: %s\n", string(jsonObject))         ②

    noteSlice := []Note{note1, note2}                           ③
    // JSON 数组编码
    jsonArray, _ := json.Marshal(noteSlice)                     ④
    fmt.Printf("JSON 数组编码: %s\n", string(jsonArray))          ⑤
}
```

上述代码首先实例化了两个 Note 结构体,结构体与 JSON 对应的数据是 JSON 对象。代码第①行通过 Marshal()函数对 note1 结构体实例进行解码,返回的 jsonObject 是字节切片；代码第②行中的 string(jsonObject))语句将字节切片转换为字符串，从而实现 JSON 编码。

代码第③行构建 Note 结构体构成的切片，切片和数组是与 JSON 的数组数据类型对应的。

代码第④行通过 Marshal()函数对字节切片进行解码，代码第⑤行中的 string(jsonArray)语句将字节切片转换为字符串，从而实现 JSON 编码。

上述代码运行结果如下：

```
JSON 对象编码:{"CDate":"2022 - 12 - 23","Content":"«极简 Go: 新手编程之道»第 1 章完成.",
"ID":1}
JSON 数组编码:[{"CDate":"2022 - 12 - 23","Content":"«极简 Go: 新手编程之道»第 1 章完成.",
"ID":1},{"CDate":"2022 - 12 - 24","Content":"«极简 Go: 新手编程之道»第 2 章完成.","ID":2}]
```

微课视频

14.5.2 JSON 解码

接收数据时需要将字符串转换成为 JSON 数据，这个过程称为解码过程。

Go 语言提供了 encoding/json 包，其中的 Unmarshal()函数可用于解码。Unmarshal()函数语法格式如下：

```
func Unmarshal(data []byte, v any) error
```

其中，参数 data 是要解码的字符串，返回值是错误信息。

JSON 解码过程示例代码如下：

```
// 14.5.2 JSON 解码

package main

import (
    "encoding/json"
    "fmt"
)

// 声明备忘录 Note 结构体
type Note struct {
    CDate string
    Content string
    ID int
}

// 声明要测试的字符串
const jsonString1 = `{                                    ①
    "CDate": "2019 - 05 - 08",
    "Content": "开始录制漫画 Python 配套视频 4",
    "ID": 22
}
`                                                        ②
```

```
const jsonString2 = `                                    ③
[{
    "CDate": "2019 - 12 - 23",
    "Content": "漫画 Python 第 1 章完成",
    "ID": 1
},
{
    "CDate": "2019 - 01 - 02",
    "Content": "漫画 Python 第 2 章完成",
    "ID": 2
},
{
    "CDate": "2019 - 01 - 05",
    "Content": "漫画 Python 第 3 章完成",
    "ID": 3
},
{
    "CDate": "2019 - 05 - 08",
    "Content": "开始录制漫画 Python 配套视频 4",
    "ID": 22
}
]`                                                  ④

func main() {

    // 声明 Note 结构体
    var jsonObject Note                             ⑤
    json.Unmarshal([]byte(jsonString1), &jsonObject)    ⑥
    fmt.Printf("解码: %v\n", jsonObject)

    // 声明 Note 切片
    var jsonArray []Note                            ⑦
    json.Unmarshal([]byte(jsonString2), &jsonArray)     ⑧
    fmt.Printf("解码: %v\n", jsonArray)

    // 遍历 jsonArray 中元素
    for _, item := range jsonArray {                ⑨
        fmt.Println(item)

    }
}
```

上述代码第①行和第②行声明用于测试的字符串，注意这个字符串是采用原始字符串表示的。

上述代码第③行和第④行声明用于测试的字符串，注意该字符串也是采用原始字符串表示的。

代码第⑤行声明 Note 结构体实例，用来保存解码后的 JSON 数据。

代码第⑥行通过 Unmarshal()函数解码 jsonString1 字符串，注意，需要将字符串转换为字节切片，[]byte(jsonString2)表达式实现将字符串转换为字节切片。

代码第⑦行声明 Note 切片。

代码第⑧行通过 Unmarshal()函数解码 jsonString2 字符串解码。

代码第⑨行遍历 jsonArray 中的元素。

上述代码运行结果如下：

```
解码:{2019-05-08 开始录制漫画 Python 配套视频 4 22}
解码:[{2019-12-23 漫画 Python 第 1 章完成 1} {2019-01-02 漫画 Python 第 2 章完成 2} {2019-01-05 漫画 Python 第 3 章完成 3} {2019-05-08 开始录制漫画 Python 配套视频 4 22}]
{2019-12-23 漫画 Python 第 1 章完成 1}
{2019-01-02 漫画 Python 第 2 章完成 2}
{2019-01-05 漫画 Python 第 3 章完成 3}
{2019-05-08 开始录制漫画 Python 配套视频 4 22}
```

14.6 动手练一练

1. 选择题

下列选项中哪些是 HTTP 的方法？（　　）

A. GET　　B. POST　　C. PUT　　D. DELETE

2. 判断题

（1）UDP Socket 网络编程比 TCP Socket 编程简单得多。UDP 是无连接协议，不需要像 TCP 一样监听端口并建立连接后才能进行通信。（　　）

（2）127.0.0.1 称为回送地址，指本机，主要用于网络软件测试及本地机进程间的通信，使用回送地址发送数据，不进行任何网络传输，只在本机进程间通信。（　　）

3. 简答题

（1）简述 HTTP 中 POST 和 GET 方法的区别。

（2）简述 TCP Socket 通信过程。

第15章 数据库编程

程序访问数据库也是Go语言开发中的重要技术之一。由于MySQL数据库应用非常广泛，因此本章介绍如何通过Go语言访问MySQL数据库。另外，考虑到没有MySQL基础的读者，本章还介绍MySQL安装和基本管理。

15.1 MySQL数据库管理系统

MySQL是流行的开放源代码的数据库管理系统，是Oracle旗下的数据库产品。目前Oracle提供了多个MySQL版本，其中MySQL Community Edition（社区版）是免费的，比较适合作为中小企业数据库。

MySQL社区版安装文件下载页面如图15-1所示。MySQL可在Windows、Linux和UNIX等操作系统中安装和运行，读者可以根据情况选择不同平台安装文件下载。

15.1.1 安装MySQL 8数据库

笔者计算机的操作系统是Windows 10 64位。笔者下载的是离线安装包，文件是

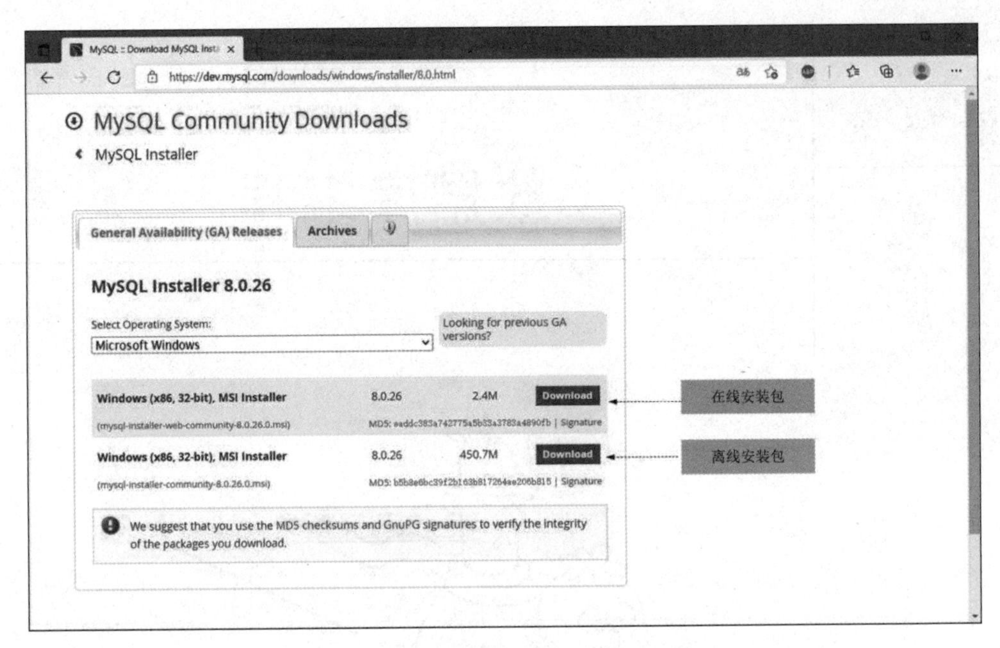

图 15-1　MySQL 社区版安装文件下载页面

mysql-installer-community-8.0.28.0.msi，双击该文件就可以安装了。

MySQL 8 数据库安装过程如下。

（1）选择安装类型。

安装过程第一个步骤是选择安装类型。双击安装文件，将弹出如图 15-2 所示的 MySQL Installer 对话框，此对话框可以让开发人员选择安装类型。如果是为了学习 Go 语言而使用数据库，则推荐选中 Server only 单选按钮，即只安装 MySQL 服务器，不安装其他组件。

（2）安装。

单击 Next 按钮，进入如图 15-3 所示的安装界面。

然后单击 Execute 按钮，开始安装。

（3）配置。

安装完成后，还需要进行必要的配置，其中有 3 个重要步骤。

① 配置网络通信端口，如图 15-4 所示，默认通信端口是 3306，如果没有端口冲突，建议不修改。

② 设置密码，如图 15-5 所示，可以为 Root 用户设置密码，也可以添加其他普通用户。

③ 配置 Path 环境变量。

为了使用方便，笔者推荐把 MySQL 安装路径添加到 Path 环境变量中。打开 Windows “环境变量”对话框，如图 15-6 所示。

双击 Path 环境变量，将弹出“编辑环境变量”对话框，如图 15-7 所示，在此对话框中添加 MySQL 安装路径即可。

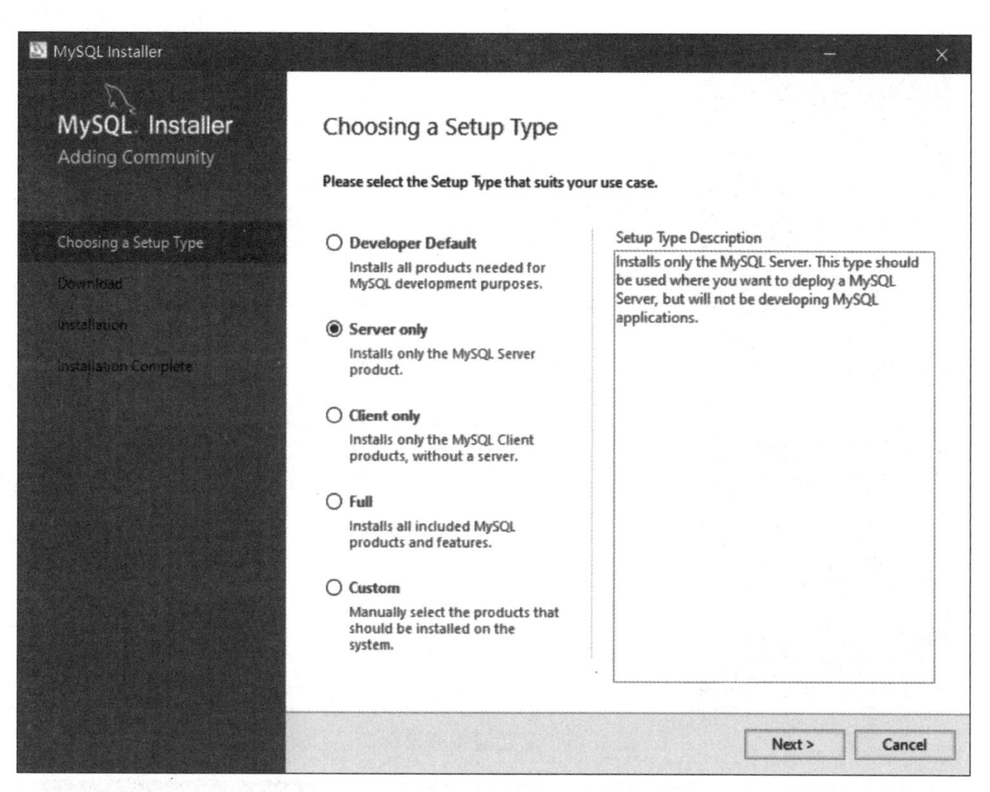

图 15-2　选择安装类型

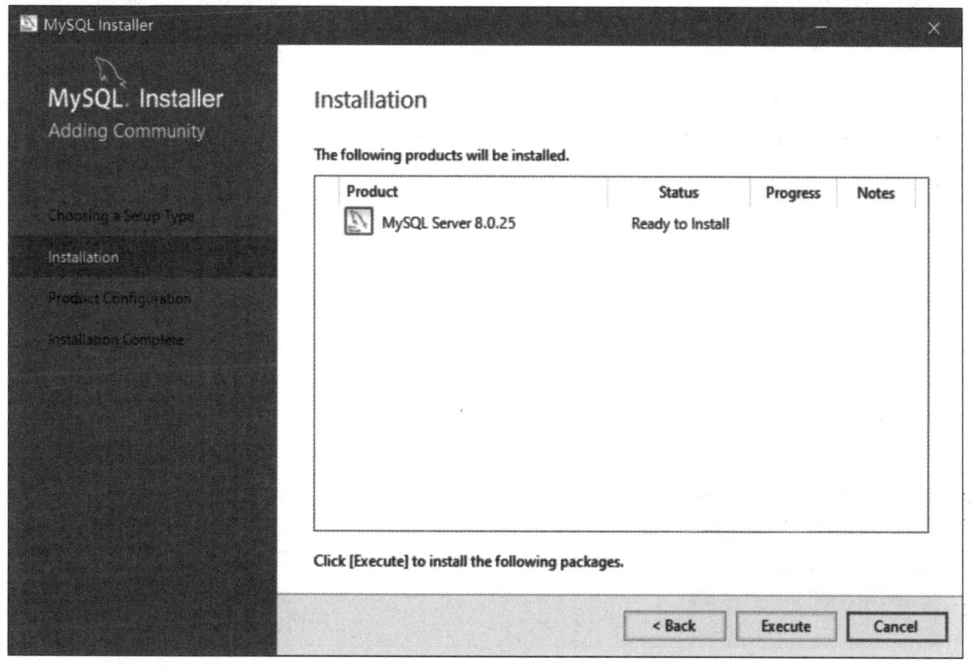

图 15-3　安装界面

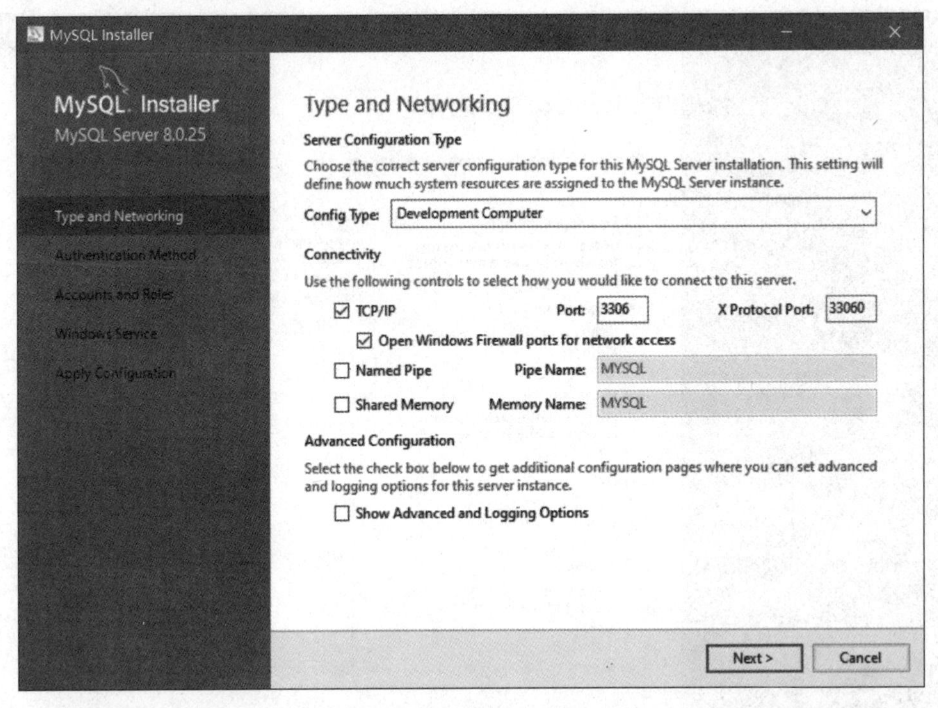

图 15-4　配置网络通信端口

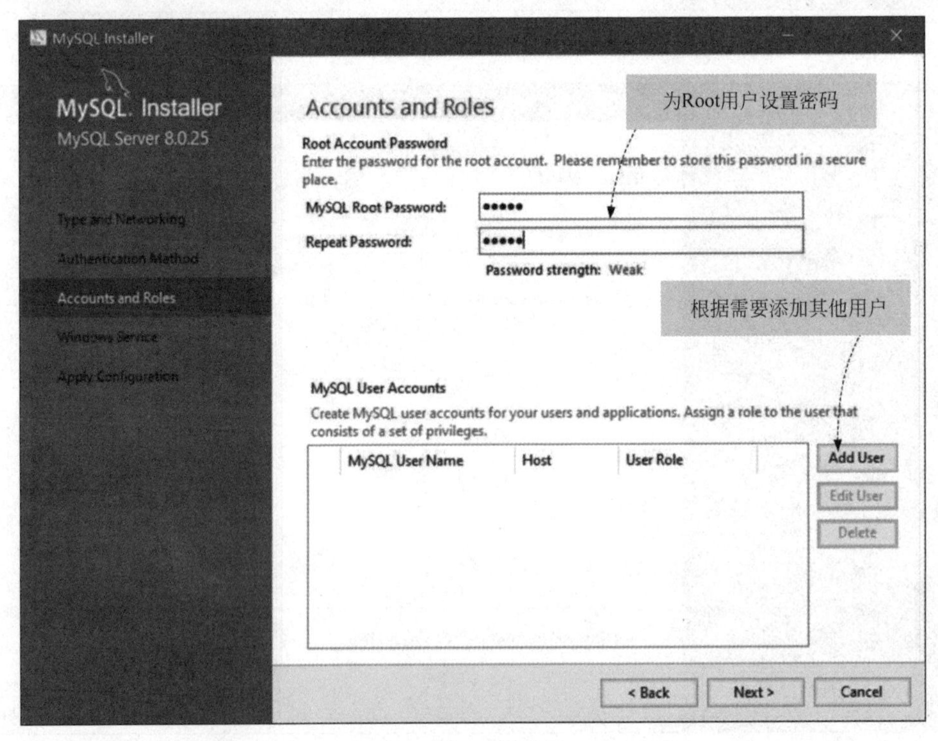

图 15-5　设置密码

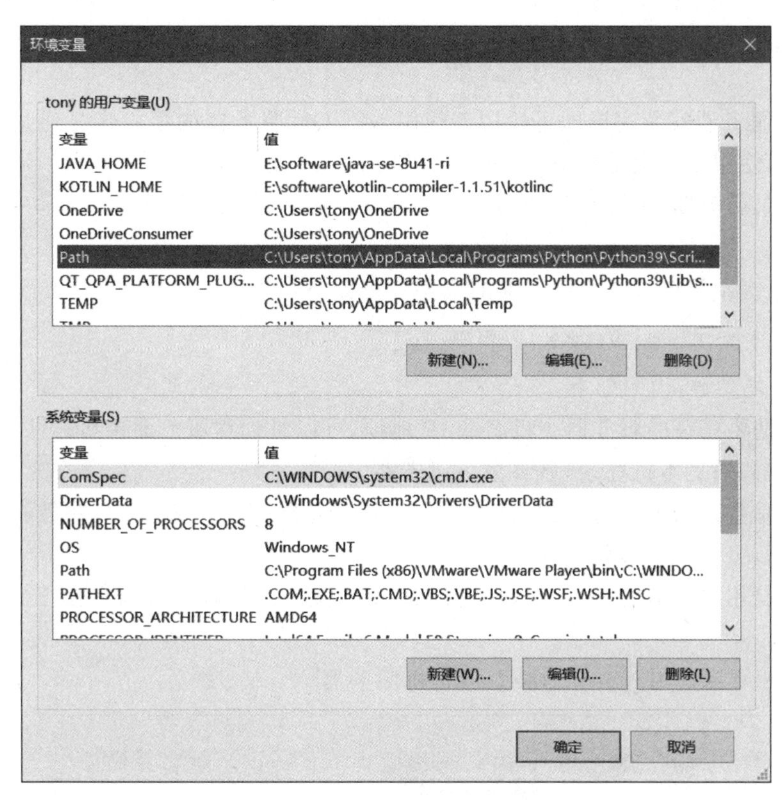

图 15-6 “环境变量”对话框

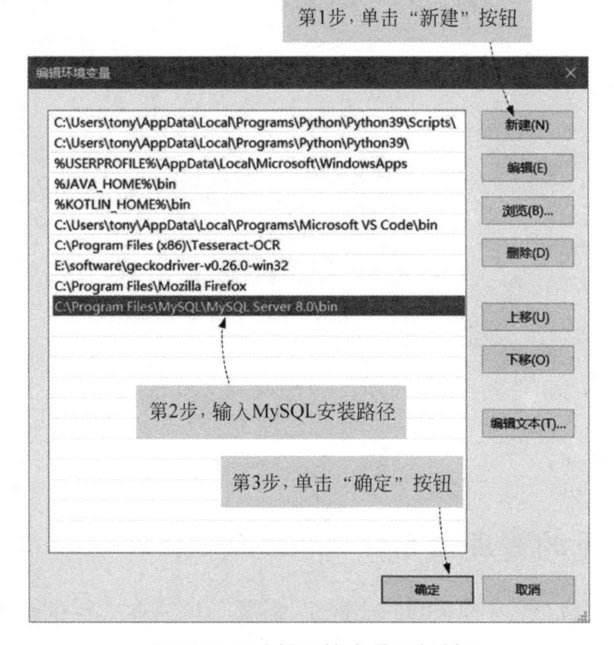

图 15-7 “编辑环境变量”对话框

微课视频

15.1.2 客户端登录服务器

MySQL 服务器安装完毕即可使用。使用 MySQL 服务器的第一步是通过客户端登录服务器。可以使用命令提示符窗口（macOS 和 Linux 系统中的终端窗口）或 GUI（图形用户界面）工具登录服务器，笔者推荐使用命令提示符窗口登录。下面介绍一下命令提示符窗口登录过程。

使用命令提示符窗口登录服务器的完整命令如下：

```
mysql -h 主机 IP 地址(主机名) -u 用户 -p
```

其中-h、-u、-p 是参数，说明如下。

(1) -h：是要登录的服务器主机名或 IP 地址，可以是远程服务器主机。注意，-h 后面可以没有空格。如果是本机登录，该参数可以省略。

(2) -u：是登录服务器的用户，这个用户一定要是数据库中存在的，并具有登录服务器的权限。注意，-u 后面可以没有空格。

(3) -p：是用户对应的密码，可以直接在-p 后面输入密码，也可以在按 Enter 键后再输入密码。

如图 15-8 所示是用 mysql 命令登录本机服务器。

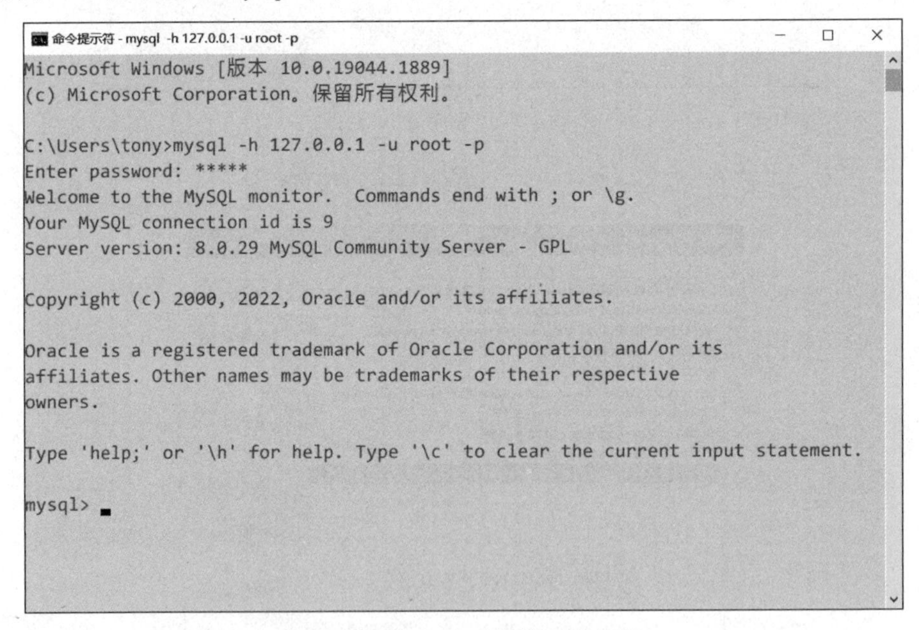

图 15-8 用 mysql 命令登录服务器

微课视频

15.1.3 常见的管理命令

通过命令提示符窗口管理 MySQL 数据库，需要了解一些常用的命令。

1. 帮助命令

第一个应该熟悉的就是 help 命令，help 命令能够列出 MySQL 其他命令的帮助信息。在命令提示符窗口中输入 help，不需要以分号结尾，直接按 Enter 键即可，如图 15-9 所示。这里列出的都是 MySQL 的管理命令，这些命令大部分不需要以分号结尾。

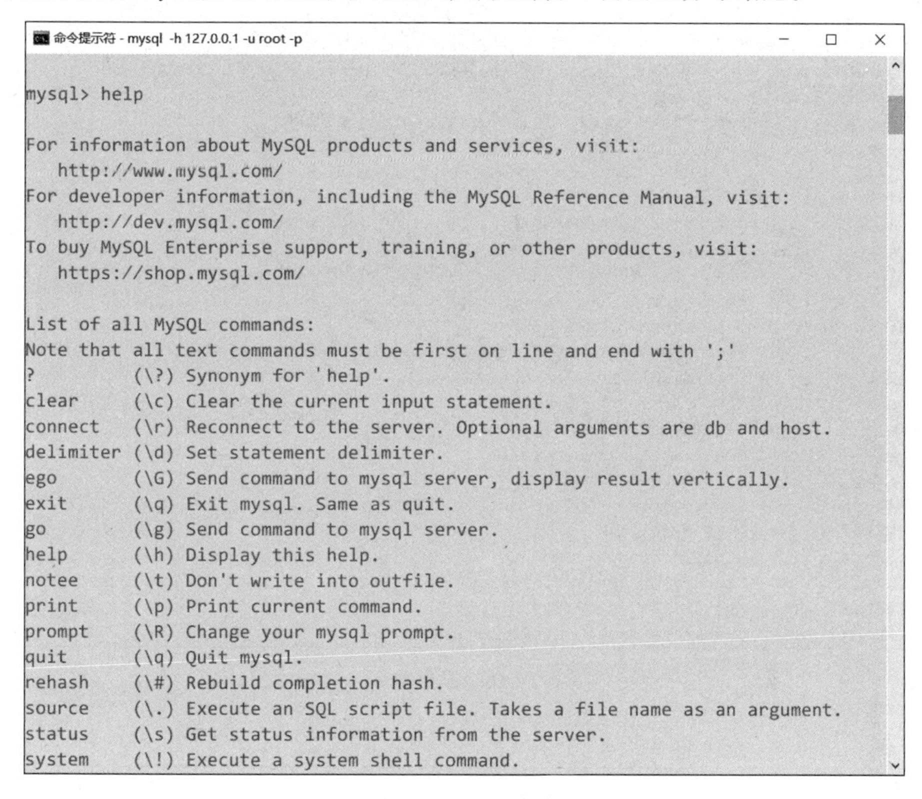

图 15-9　help 命令

2. 退出命令

要从命令提示符窗口中退出，可以在命令提示符窗口中使用 quit 或 exit 命令，如图 15-10 所示。这两个命令也不需要以分号结尾。

3. 查看数据库命令

查看数据库命令是 show databases;，如图 15-11 所示。注意，该命令需以分号结尾。

4. 创建数据库命令

创建数据库可以使用 create database testdb; 命令，如图 15-12 所示，其中 testdb 是自定义数据库名。注意，该命令以分号结尾。

5. 删除数据库命令

删除数据库可以使用 drop database testdb; 命令，如图 15-13 所示，其中 testdb 是数据库名。注意，该命令以分号结尾。

```
命令提示符 - mysql -h 127.0.0.1 -u root -p

mysql> help

For information about MySQL products and services, visit:
   http://www.mysql.com/
For developer information, including the MySQL Reference Manual, visit:
   http://dev.mysql.com/
To buy MySQL Enterprise support, training, or other products, visit:
   https://shop.mysql.com/

List of all MySQL commands:
Note that all text commands must be first on line and end with ';'
?         (\?) Synonym for 'help'.
clear     (\c) Clear the current input statement.
connect   (\r) Reconnect to the server. Optional arguments are db and host.
delimiter (\d) Set statement delimiter.
ego       (\G) Send command to mysql server, display result vertically.
exit      (\q) Exit mysql. Same as quit.
go        (\g) Send command to mysql server.
help      (\h) Display this help.
notee     (\t) Don't write into outfile.
print     (\p) Print current command.
prompt    (\R) Change your mysql prompt.
quit      (\q) Quit mysql.
rehash    (\#) Rebuild completion hash.
source    (\.) Execute an SQL script file. Takes a file name as an argument.
status    (\s) Get status information from the server.
system    (\!) Execute a system shell command.
```

图 15-10 退出命令

```
命令提示符 - mysql -h 127.0.0.1 -u root -p
mysql> show databases;
+--------------------+
| Database           |
+--------------------+
| information_schema |
| mysql              |
| performance_schema |
| petstore           |
| school_db          |
| scott              |
| sys                |
+--------------------+
7 rows in set (0.00 sec)

mysql>
```

图 15-11 查看数据库命令

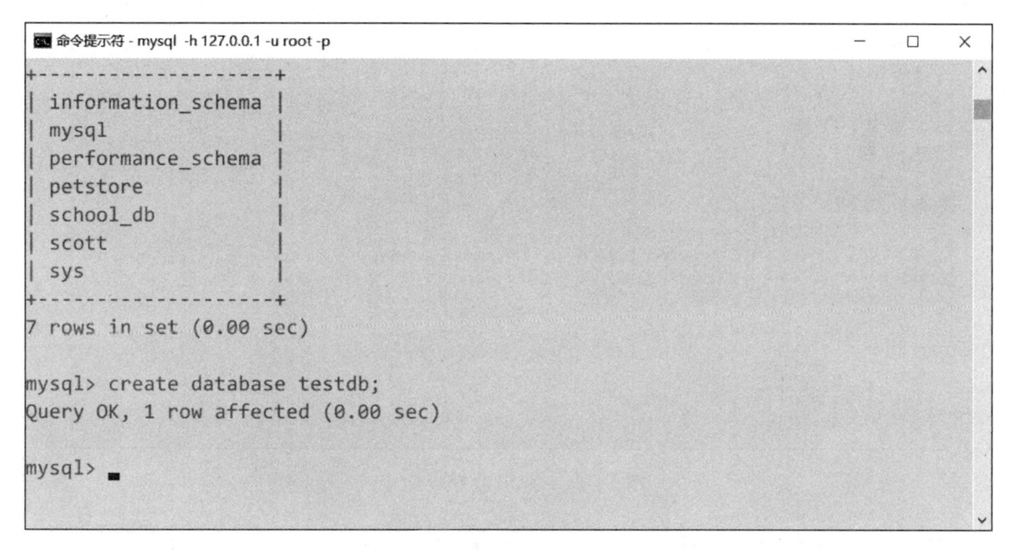

图 15-12 创建数据库命令

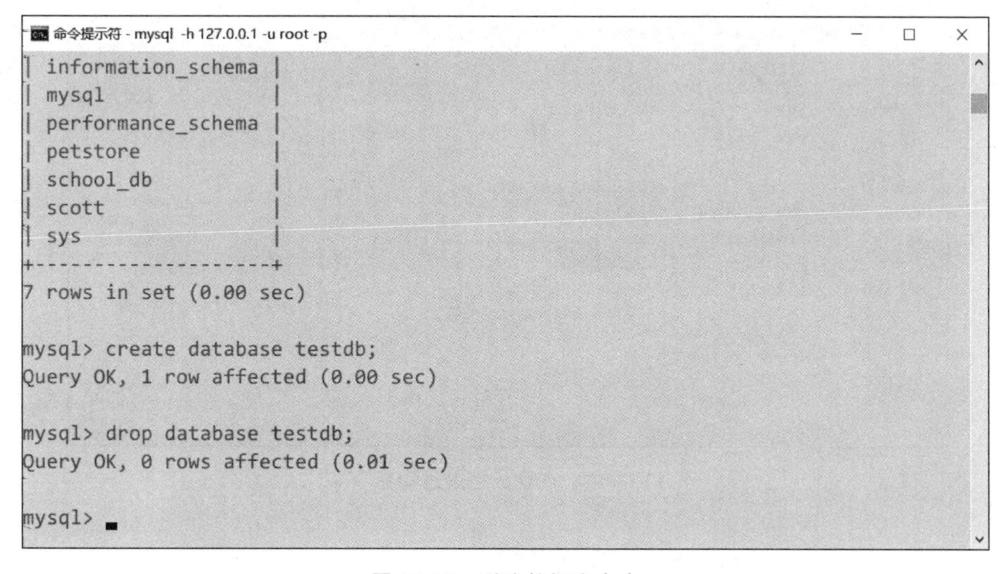

图 15-13 删除数据库命令

6. 列出数据表命令

查看列出数据表的命令是 show tables;，如图 15-14 所示。注意，该命令以分号结尾。如果一个服务器上有多个数据库，应该先使用 use 命令选择数据库。

7. 查看数据表结构命令

知道了有哪些数据表后，还需要知道数据表结构，此时可以使用 desc 命令，如图 15-15 所示。注意，该命令以分号结尾。

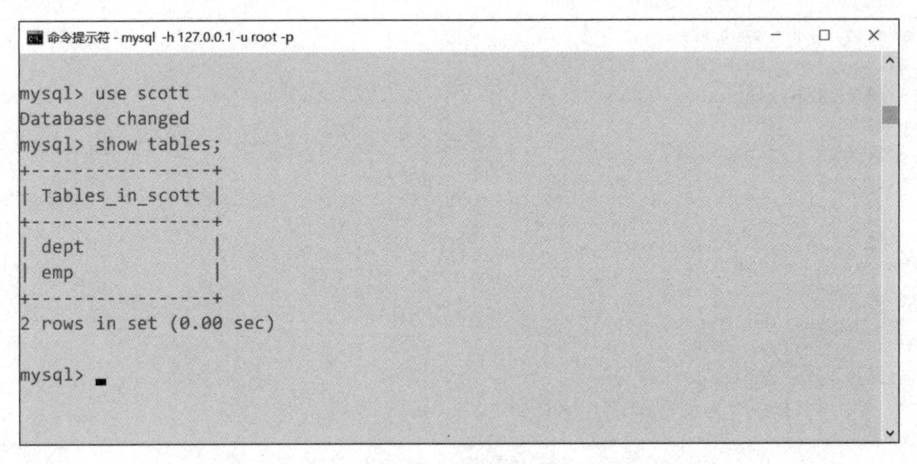

图 15-14　列出数据表命令

```
命令提示符 - mysql -h 127.0.0.1 -u root -p

mysql> desc emp;
+----------+-------------+------+-----+---------+-------+
| Field    | Type        | Null | Key | Default | Extra |
+----------+-------------+------+-----+---------+-------+
| EMPNO    | int         | NO   | PRI | NULL    |       |
| ENAME    | varchar(10) | YES  |     | NULL    |       |
| JOB      | varchar(9)  | YES  |     | NULL    |       |
| MGR      | int         | YES  |     | NULL    |       |
| HIREDATE | char(10)    | YES  |     | NULL    |       |
| SAL      | float       | YES  |     | NULL    |       |
| comm     | float       | YES  |     | NULL    |       |
| DEPTNO   | int         | YES  | MUL | NULL    |       |
+----------+-------------+------+-----+---------+-------+
8 rows in set (0.00 sec)

mysql>
```

图 15-15　查看数据表结构命令

15.2　编写访问数据库程序

15.1 节介绍了 MySQL 数据库的安装和基本管理，本节介绍利用 Go 语言进行数据库编程。

微课视频

15.2.1　MySQL 驱动

无论采用什么样的编程语言，访问数据库时都需要一个连接程序与数据库进行交互，这个连接程序就是数据库驱动程序。

Go 官方提供了 database/sql 包，该包中声明了 SQL 相关操作的通用接口，事实上数据库通过驱动程序实现这些接口。

在利用 Go 语言进行数据库编程时,可以使用的数据库驱动程序有很多,笔者推荐使用 Go-MySQL-Driver,官网地址是 github. com/go-sql-driver/mysql,如图 15-16 所示。

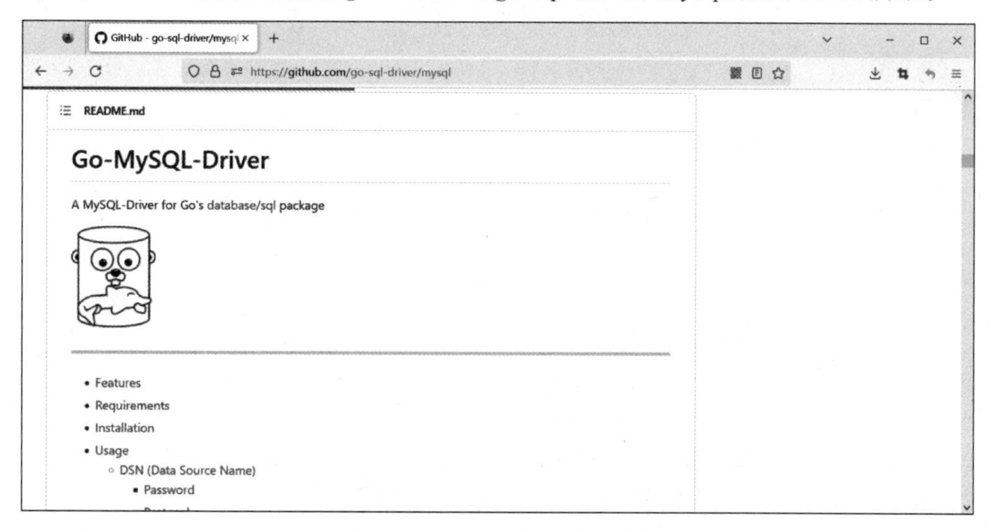

图 15-16 Go-MySQL-Driver 官网

Go-MySQL-Driver 驱动程序需要安装才能使用,可以在命令提示符中执行以下命令安装,如图 15-17 所示。

```
go get -u github.com/go-sql-driver/mysql
```

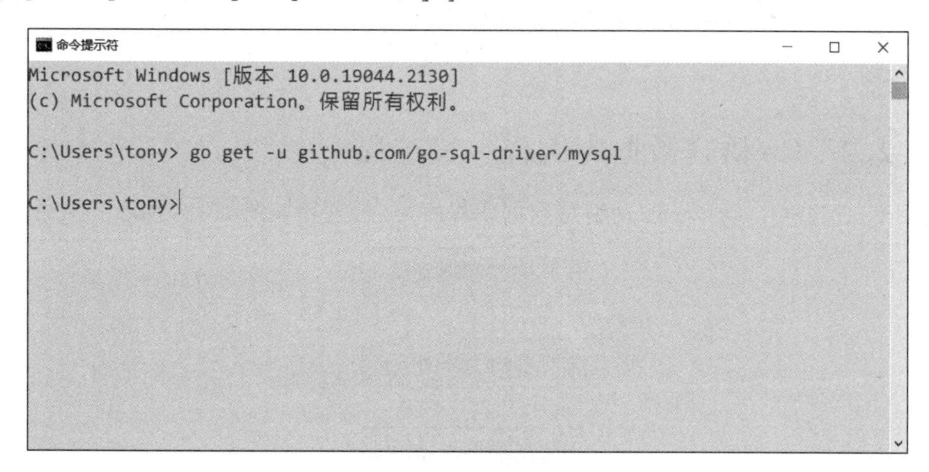

图 15-17 安装驱动程序

提示 go get 命令的作用是调用 Get 软件下载驱动,因此执行 go get 命令之前要确保已安装 Get 软件。

驱动程序安装成功后，即可在%GOPATH%目录的 src 目录下看到下载的驱动程序，如图 15-18 所示。笔者的%GOPATH%目录是在 C:\Users\tony\go 中。

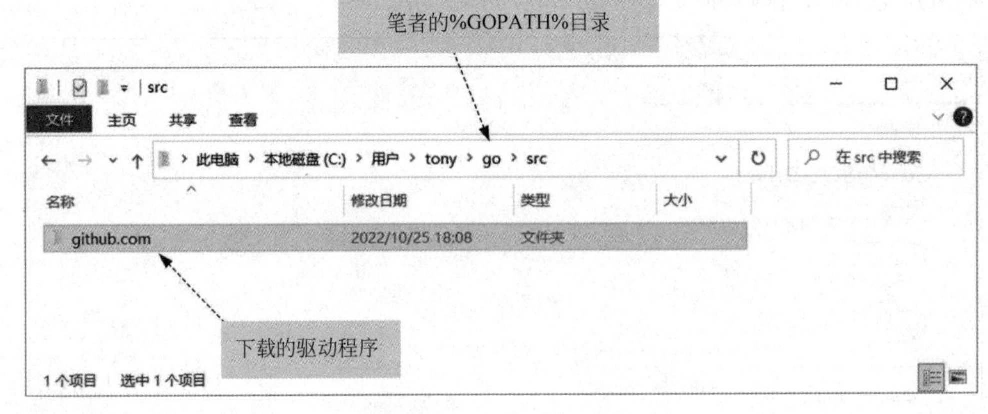

图 15-18 下载的驱动程序

提示 如果无法下载驱动程序，也可以在本书配套资源中找到"MySQL 驱动.zip"文件，然后解压到%GOPATH%目录，但要注意目录结构。

驱动程序安装成功后，需要导入驱动，示例代码如下：

```
import (
    "database/sql"
    _ "github.com/go-sql-driver/mysql"
)
// ...
```

15.2.2 Go 语言数据库编程一般过程

使用 Go-MySQL-Driver 驱动编写数据库程序，一般过程如图 15-19 所示。

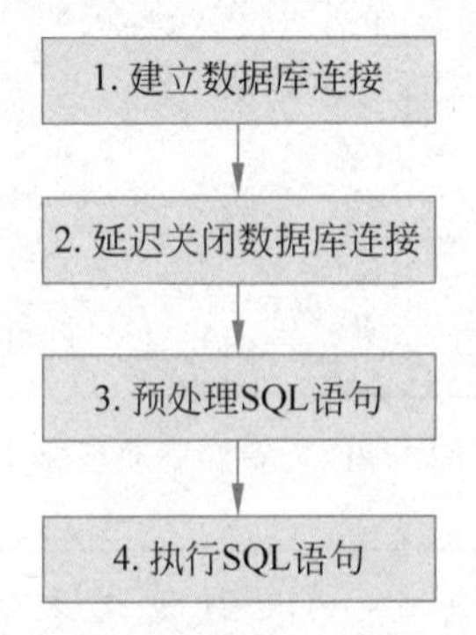

图 15-19 数据库编程的一般过程

15.2.3　建立和关闭数据连接

驱动程序导入后，为了访问数据库，需要建立数据库连接。建立数据库连接需要使用Open()函数，该函数的语法格式如下：

```
func Open(driverName, dataSourceName string) ( * DB, error)
```

其中，参数 driverName 是驱动程序名，这里 Go-MySQL-Driver 驱动程序名是 mysql；dataSourceName 是数据源名，它是连接数据库的 URL 字符串，这个 URL 字符串语法格式如下：

```
账户名:密码@tcp(ip:端口)/数据库名称
```

示例代码如下：

```
db, err : = sql.Open("mysql", "root:12345@/scott_db")
```

数据库连接建立后就可以与数据库进行交互了。数据库使用完成后需要关闭，一般需要延迟关闭，延迟关闭数据库示例代码如下：

```
defer db.Close()
```

15.2.4　预处理 SQL 语句

数据库连接创建成功后，就可以执行 SQL 语句了，但是为了提高执行 SQL 效率和数据库的安全，通常会先对 SQL 语句进行预处理。预处理使用 Prepare()函数，该函数语法格式如下：

```
func Prepare(query string) ( * sql.Stmt, error)
```

其中，参数 string 是要预编译的 SQL 语句。该函数返回值有两个，第一个返回值 Stmt 是预处理的语句对象，通过它执行 SQL；第二个返回值 err 是错误信息。

示例代码如下：

```
// 准备 SQL 语句
sql : = "INSERT INTO emp (EMPNO,ENAME,JOB,HIREDATE,SAL,DEPT) VALUES (?,?,?,?,?,?)"
stmt, err : = db.Prepare(sql)
if err != nil {
    ...
}
// ...
```

注意，在预处理的 SQL 语句中，“?”表示 SQL 语句占位符，在运行时会被实际的参数替换。执行 SQL 语句时，需要为占位符绑定实际参数。

15.2.5　执行 SQL 语句

SQL 语句预处理完成后，就可以执行 SQL 语句了。执行 SQL 语句需要使用 Exec()函数，该函数的语法格式如下：

```
func (s * Stmt) Exec(args ...any) (Result, error)
```

其中，args 参数可以是任意类型，数量可变。通过 Exec()函数为预编译的 SQL 语句提供实际参数，因此这里传递的个数、类型和位置与占位符一一对应。该函数返回值有两个，第一个返回值 Result 是结果对象，Result 是一个接口，其中声明了以下两个函数：

(1) LastInsertId() (int64, error)：返回数据库生成整数，对于自增长字段，该函数返回插入的 Id。

(2) RowsAffected() (int64, error)：返回受影响的记录数。

执行 SQL 语句示例代码如下：

```
res, err := stmt.Exec(8000, "刘备", "经理", "1981-2-20", 16000, "总经理办公室")
```

15.3 案例：员工表增、删、改、查操作

数据库增、删、改、查操作，即对数据库表中数据进行插入、删除、更新和查询。本节通过一个案例熟悉如何通过 Go 语言实现数据库表的增、删、改、查操作。

微课视频

15.3.1 创建员工表

首先在 scott_db 数据库中创建员工(emp)表，员工表结构如表 15-1 所示。

表 15-1 员工表

字段名	类型	是否可以为 Null	主键	说明
EMPNO	int	否	是	员工编号
ENAME	varchar(10)	否	否	员工姓名
JOB	varchar(9)	是	否	职位
HIREDATE	char(10)	是	否	入职日期
SAL	float	是	否	工资
DEPT	varchar(10)	是	否	所在部门

创建员工表的数据库脚本 createdb.sql 文件内容如下：

```
-- 创建员工表

create table EMP
(
   EMPNO            int not null,    -- 员工编号
   ENAME            varchar(10),     -- 员工姓名
   JOB              varchar(9),      -- 职位
   HIREDATE         char(10),        -- 入职日期
   SAL              float,           -- 工资
   DEPT             varchar(10),     -- 所在部门
   primary key (EMPNO)
);
```

15.3.2　插入员工数据

插入员工数据示例代码如下：

```
// 15.3.2 插入员工数据

package main

import (
    "database/sql"
    "fmt"

    _ "github.com/go-sql-driver/mysql"
)

func main() {
    db, err := sql.Open("mysql", "root:12345@/scott_db")

    if err != nil {
        panic(err.Error())
    }
    // 延迟关闭数据库
    defer db.Close()
    // 预处理 SQL 语句
    sql := "INSERT INTO emp (EMPNO,ENAME,JOB,HIREDATE,SAL,DEPT) VALUES (?,?,?,?,?,?)"
    stmt, err := db.Prepare(sql)
    if err != nil {
        panic(err.Error())
    }
    // 执行 SQL 语句
    res, err := stmt.Exec(8000, "刘备", "经理", "1981-2-20", 16000, "总经理办公室")
    if err != nil {
        panic(err.Error())
    }
    lastId, _ := res.LastInsertId()
    fmt.Println("lastId:", lastId)
    rowsAffected, _ := res.RowsAffected()
    fmt.Println("rowsAffected", rowsAffected)
}
```

15.3.3　更新员工数据

更新员工数据与插入员工数据类似，区别只是 SQL 语句不同，当然绑定参数也不同。更新员工数据相关代码如下：

```
// 15.3.3 更新员工数据

package main
```

```
import (
    "database/sql"
    "fmt"

    _ "github.com/go-sql-driver/mysql"
)

func main() {
    db, err := sql.Open("mysql", "root:12345@/scott_db")

    if err != nil {
        panic(err.Error())
    }
    // 延迟关闭数据库
    defer db.Close()
    // 预处理 SQL 语句
    sql := "UPDATE emp SET ENAME = ?,JOB = ?,HIREDATE = ?,SAL = ?,DEPT = ? WHERE EMPNO = ?"
    stmt, err := db.Prepare(sql)
    if err != nil {
        panic(err.Error())
    }
    // 执行 SQL 语句
    res, err := stmt.Exec("诸葛亮", "军师", "1981-5-20", 8600, "参谋部", 8000)
    if err != nil {
        panic(err.Error())
    }
    lastId, _ := res.LastInsertId()
    fmt.Println("lastId:", lastId)
    rowsAffected, _ := res.RowsAffected()
    fmt.Println("rowsAffected", rowsAffected)
}
```

微课视频

15.3.4 删除员工数据

删除员工数据与更新员工数据和插入员工数据类似，只是 SQL 语句不同，当然绑定参数也不同。删除员工数据相关代码如下：

```
// 15.3.4 删除员工数据

package main

import (
    "database/sql"
    "fmt"

    _ "github.com/go-sql-driver/mysql"
)

func main() {
```

```
    db, err := sql.Open("mysql", "root:12345@/scott_db")

    if err != nil {
       panic(err.Error())
    }
    // 延迟关闭数据库
    defer db.Close()
    // 预处理 SQL 语句
    sql := "DELETE FROM emp WHERE EMPNO = ?"
    stmt, err := db.Prepare(sql)
    if err != nil {
       panic(err.Error())
    }
    // 执行 SQL 语句
    res, err := stmt.Exec(8000)
    if err != nil {
       panic(err.Error())
    }
    lastId, _ := res.LastInsertId()
    fmt.Println("lastId:", lastId)
    rowsAffected, _ := res.RowsAffected()
    fmt.Println("rowsAffected", rowsAffected)
}
```

15.3.5　按照主键查询员工数据

数据的查询过程与数据修改(插入、更新和删除)基本相同,但是使用的函数有所不同,查询时使用的函数是 Query(),该函数语法格式如下:

```
func (s *Stmt) Query(args ...any) (*Rows, error)
```

其中的参数与 Exec()函数一样,这里不再赘述;但是二者的返回值不同,Query()函数返回值有两个,第一个返回值 Rows 是结果集(Rows)实例,第二个返回值 error 是错误信息。

查询数据通常是有条件询。下面是一个实现有条件查询的示例,该示例通过员工编号(主键)进行查询,相关代码如下:

```
// 15.3.5 按照主键查询员工数据

package main

import (
    "database/sql"
    "fmt"

    _ "github.com/go-sql-driver/mysql"
)

// 定义员工 Emp 结构体
type Emp struct {
```

```
    No                          int
    Name, Job, Hiredate, Dept string
    Sal                         float64
}

func main() {
    db, err := sql.Open("mysql", "root:12345@/scott_db")

    if err != nil {
        panic(err.Error())
    }
    // 延迟关闭数据库
    defer db.Close()
    // 预处理 SQL 语句
    sql := "SELECT EMPNO,ENAME,JOB,HIREDATE,SAL,DEPT FROM emp WHERE EMPNO = ?"
    stmt, err := db.Prepare(sql)
    if err != nil {
        panic(err.Error())
    }
    // 执行 SQL 语句
    res, err := stmt.Query(7788) // 传递员工编号 7788                    ①
    // 延迟关闭 res 结果集
    if err != nil {
        panic(err.Error())
    }
    defer res.Close()

    // 遍历结果集
    for res.Next() {                                                    ②
        // 声明结构体 Emp 变量
        var emp Emp
        // 将数据提取到结构体 emp 中
        err := res.Scan(&emp.No, &emp.Name, &emp.Job, &emp.Hiredate,    ③
                &emp.Sal, &emp.Dept)
        if err != nil {
            panic(err.Error())
        }
        fmt.Printf("%v\n", emp)
    }
}
```

上述代码第①行按照员工编号 7788 查询数据。

代码第②行通过 for 循环语句遍历结果集，结果集的 Next()函数可以判断是否存在下一条记录，并将结果集指针下移。

代码第③行结果集的 Scan()函数可以从结果集中将数据提取到结构体 emp 中。

上述代码运行结果如下：

```
{7788 SCOTT ANALYST 1981-6-9 人力资源部 2350}
```

15.3.6 查询所有员工数据

查询所有数据是无条件查询，示例代码如下：

```
// 15.3.6 查询所有员工数据

package main

import (
    "database/sql"
    "fmt"

    _ "github.com/go-sql-driver/mysql"
)

// 定义员工 Emp 结构体
type Emp struct {
    No                         int
    Name, Job, Hiredate, Dept string
    Sal                        float64
}

func main() {
    db, err := sql.Open("mysql", "root:12345@/scott_db")

    if err != nil {
       panic(err.Error())
    }
    // 延迟关闭数据库
    defer db.Close()
    // 预处理 SQL 语句
    sql := "SELECT EMPNO,ENAME,JOB,HIREDATE,SAL,DEPT FROM emp"
    stmt, err := db.Prepare(sql)
    if err != nil {
       panic(err.Error())
    }
    // 执行 SQL 语句
    res, err := stmt.Query() // 无条件查询
    // 延迟关闭 res 结果集
    if err != nil {
       panic(err.Error())
    }
    defer res.Close()

    // 遍历结果集
    for res.Next() {
       // 声明结构体 Emp 变量
       var emp Emp
       // 将数据提取到结构体 emp 中
```

```
        err := res.Scan(&emp.No, &emp.Name, &emp.Job,
            &emp.Hiredate, &emp.Sal, &emp.Dept)
        if err != nil {
            panic(err.Error())
        }
        fmt.Printf("%v\n", emp)
    }
}
```

上述代码与按照主键查询代码类似，这里不再赘述。代码运行结果如下：

```
{7521 WARD SALESMAN 1981-2-22 销售部 1250}
{7566 JONES MANAGER 1982-1-23 人力资源部 2975}
{7654 MARTIN SALESMAN 1981-4-2 销售部 1250}
{7698 BLAKE MANAGER 1981-9-28 销售部 2850}
{7782 CLARK MANAGER 1981-5-1 财务部 2450}
{7788 SCOTT ANALYST 1981-6-9 人力资源部 2350}
{7839 KING PRESIDENT 1987-4-19 财务部 5000}
{7844 TURNER SALESMAN 1981-11-17 销售部 1500}
{7876 ADAMS CLERK 1981-9-8 人力资源部 1100}
{7900 JAMES CLERK 1987-5-23 销售部 950}
{7902 FORD ANALYST 1981-12-3 人力资源部 1950}
{7934 MILLER CLERK 1981-12-3 财务部 1250}
```

15.4 动手练一练

1. 选择题

(1) 下列选项中哪些是删除表的 SQL 语句？（　　）

A. DROP　　B. CREATE　　C. UPDATE　　D. DELETE

(2) 下列选项中哪些是删除表中数据的 SQL 语句？（　　）

A. DROP　　B. CREATE　　C. UPDATE　　D. DELETE

(3) 假设要使用 Go-MySQL-Driver 驱动连接本地 MySQL 数据库，下列选项中哪些是合法的 URL 字符串？（　　）

A. "root:12345@tcp(localhost:3306)/scott_db"

B. "root:12345@tcp(127.0.0.1:3306)/scott_db"

C. "root:12345@tcp()/scott_db"

D. "root:12345@/scott_db"

2. 简答题

(1) 简述使用 Go-MySQL-Driver 访问数据库的流程。

(2) 简述使用预处理 SQL 语句的优点。

附录 A

动手练一练参考答案

第 1 章　编写第一个 Go 语言程序

编程题

(1) 答案(省略)　　(2) 答案(省略)

第 2 章　Go 语言的语法基础

1. 选择题

(1) 答案：C　　(2) 答案：BCDE

2. 判断题

(1) 答案：错　　(2) 答案：错

第 3 章　Go 语言的数据类型

选择题

(1) 答案：ABCD　　(2) 答案：A　　(3) 答案：A　　(4) 答案：D

第 4 章　运算符

选择题

(1) 答案：D　　(2) 答案：ABD　　(3) 答案：D　　(4) 答案：A

第 5 章　复合数据类型

1. 选择题

(1) 答案：D　　(2) 答案：A　　(3) 答案：AB

2. 判断题

(1) 答案：对　　(2) 答案：对

第 6 章　条件语句

1. 选择题

(1) 答案：ACD　　(2) 答案：AB

2. 判断题

(1) 答案：对　　(2) 答案：错

第 7 章　循环语句及跳转语句

1. 选择题

(1) 答案：BD　　(2) 答案：D　　(3) 答案：DE

2. 判断题

(1) 答案：对　　(2) 答案：错

3. 编程题

答案(省略)

第 8 章　函数

选择题

(1) 答案：B　　(2) 答案：D　　(3) 答案：C　　(4) 答案：C

第 9 章　自定义数据类型

1. 选择题

(1) 答案：C　　(2) 答案：A

2. 判断题

答案：对

第 10 章　错误处理

1. 选择题

(1) 答案：B　　(2) 答案：C　　(3) 答案：A

2. 判断题

(1) 答案：对　　(2) 答案：对

第 11 章　并发编程

选择题

(1) 答案：ABCD　　(2) 答案：D　　(3) 答案：A　　(4) 答案：A

(5) 答案：B

第 12 章　正则表达式

1. 选择题

(1) 答案：AB　　(2) 答案：D

2. 简答题

(1) 答案(省略)

(2) 答案(省略)

第 13 章　访问目录和文件

1. 选择题

(1) 答案：AB　　(2) 答案：D

2. 判断题

(1) 答案：错　　(2) 答案：对

第 14 章　网络编程

1. 选择题

答案：ABCD

2. 判断题

(1) 答案：对　　　(2) 答案：对

3. 简答题

(1) 答案(省略)　　(2) 答案(省略)

第 15 章　数据库编程

1. 选择题

(1) 答案：A　　　(2) 答案：D　　　(3) 答案：AB

2. 简答题

(1) 答案(省略)　　(2) 答案(省略)